U0292306

肖云鹏 卢星宇 许明 汪浩瀚 吴斌 刘宴兵 著

机器学习
经典算法实践

Classical Machine Learning Algorithms in Practice

清华大学出版社
北京

内 容 提 要

机器学习是数据分析、智能技术的核心课程，本书作为该领域的入门教程，选择了机器学习领域的十大经典算法，讲原理、给数据、给源码、给实验，带入门。正如本书封面表达的那样，本书希望带您启航机器学习的风帆，用简单的方式讲述复杂的算法，提供完整 Java 代码及实验数据下载。

本书可作为高等院校计算机、软件工程及自动化相关专业的本科生或研究生教材，也可作为对机器学习感兴趣的研究人员和工程技术人员的参考读物。

图书在版编目(CIP)数据

机器学习经典算法实践/肖云鹏等著. —北京：清华大学出版社，2018（2021.11 重印）
ISBN 978-7-302-49333-4

Ⅰ. ①机… Ⅱ. ①肖… Ⅲ. ①机器学习－算法－高等学校－教材
Ⅳ. ①TP181

中国版本图书馆 CIP 数据核字(2018)第 004237 号

责任编辑：贾 斌 薛 阳
封面设计：常雪影
责任校对：李建庄
责任印制：丛怀宇

出版发行：清华大学出版社
网　　址：http://www.tup.com.cn，http://www.wqbook.com
地　　址：北京清华大学学研大厦 A 座　　**邮　　编**：100084
社 总 机：010-62770175　　**邮　　购**：010-83470235
投稿与读者服务：010-62776969，c-service@tup.tsinghua.edu.cn
质量反馈：010-62772015，zhiliang@tup.tsinghua.edu.cn
课件下载：http://www.tup.com.cn，010-83470236
印 装 者：三河市龙大印装有限公司
经　　销：全国新华书店
开　　本：210mm×235mm　　**印　　张**：12.5　　**字　　数**：200 千字
版　　次：2018 年 5 月第 1 版　　**印　　次**：2021 年 11月第4次印刷
印　　数：3201～3350
定　　价：49.00 元

产品编号：075180-01

前 言

FOREWORD

现在，大数据、社交网络、计算智能、深度学习等词汇都已经成为人们日常生活中经常看到的热门专业名词。如果我们考虑这些领域的共性，那么机器学习一定是重要的交集部分。很多来自不同领域、不同角色的学生、工作人员都在加入学习机器学习的队伍。

本书的编写面向正走在或即将走向学习机器学习路上的广大读者。我们在日常教学和培养研究生过程中发现，很多学生一方面想学、愿意学机器学习，另一方面又遇到入门难的问题，希望能有一本书、一本教材讲原理、给数据、给源码、给实验，带着入门。鉴此我们编写了这本书，选择了机器学习领域的十大经典算法，把我们平常培养刚入校研究生的算法材料进行整理，提供给广大希望学习的读者朋友们。

本书在整体章节的安排上，按照监督{KNN(分类)，Bayes(分类)，C4.5(分类)，SVM(分类)，AdaBoost(分类)，CART(回归)}和无监督{K-Means(聚类)，Apriori(关联规则)，PageRank(排序)，EM(参数估计)}的顺序组织。在每一章的讲解中，从讲故事开始讲解算法原理，接着分别从算法实现类/方法流程图、类/方法说明表、关键代码讲解算法实现，然后给出实验数据，最后给出实验结果与分析，尽量做到简单易懂。每章完整的源代码扫描下面二维码即可下载，每个算法对应一个 Java 工程，实验数据都在每个工程的 data 文件夹下。代码风格尽量保持一致，让读者更容易理解。

本书的写作工作是由我们实验室两位老师(肖云鹏和刘宴兵教授)以及复旦大学卢星宇博士、清华大学许明博士、CMU 汪浩瀚博士和北京邮电大学吴斌教授共同完成，几位作者都是长期在机器学习领域从事科学研究、工程实践、项目合作的科研

扫码下载完整代码及实验数据

人员和高校工作者。我们的想法是通过努力，以开放的心态，帮助更多的希望学习机器学习的读者。

即使只是作为一本入门级的学习读物，整个书稿前前后后也修改了几十稿。同时我们也参考学习了很多机器学习方面的书籍和网络资源，真高兴当下国内有许多学者、产业界人员和互联网热心人提供这么多优秀的学习资源。诚然，即便是我们非常努力地完善书稿，由于水平有限和时间仓促，书中可能还会有这样或那样的问题，请读者批评指正。另外，算法自身也在不断更新，凡是内容有更新的地方都会体现在本书的后继版本中，我们也希望本书的第二版、第三版等不仅是内容的进一步完善，还会加入更多有趣的算法，从传统机器学习到深度学习、增强学习。其实，机器学习经典算法又何止这十大呢！

最后，感谢我的家人对我工作的支持，感谢实验室学生们在本书的写作过程中帮着收集材料、提意见、讨论书稿，所有的过程都是美好回忆。

本书的完成得到国家973重点基础研究发展计划（No. 2013CB329606）、重庆市重点研发项目（No. cstc2017zdcy-zdyf0299，No. cstc2017zdcy-zdyf0436）、重庆市基础科学与前沿技术研究项目（No. cstc2017jcyjAX0099）和重庆邮电大学出版基金资助。

肖云鹏

2018年4月

CONTENTS ◀

目　录

第1章

KNN

1.1 KNN 算法原理

如果已知一个人的大部分朋友的爱好，要把这个人的爱好用最简单的分类问题做预测（分类），办法就是通过统计他最亲密（Nearest Neighbor，某种距离函数方法确定中的最近）的 K 个朋友中最多的爱好，这就是 KNN 算法。在这个算法中，已知朋友越多（训练数据完备性越好）、朋友圈子分离越大（不同簇的距离越大），算法越好。由于该算法原理简单、易于理解，目前应用领域至少包括文本处理、模式识别、计算机视觉、通信工程、生物工程，甚至 NBA 等体育数据分析。

1.1.1 算法引入

假定某个人有 20 个亲密的朋友，其中有 9 个人的爱好是打篮球，6 个人的爱好是打乒乓球，5 个人的爱好是打排球，那么就可以猜测这个人更可能喜欢打篮球。

这个过程就是利用 KNN 算法思想进行分类的过程，其标准的描述如下：假定有三类体育运动分别是篮球、乒乓球和排球，要求判断这个用户喜爱的运动。根据上述过程，要做出这个判断，首先得找出用户亲密的朋友，而且数量是 20 个，然后根据这

20个亲密的朋友的爱好做出判断。

由此类推到KNN算法。K-近邻算法是一款简单实用的分类算法，通过测量不同样本之间的距离，然后根据距离最近的K个邻居来进行分类。整个分类过程主要有三个步骤。第一，算距离。要判断哪些是用户亲密的朋友，需要一个邻近度量方法。第二，求近邻。“20个”就是用户近邻用户，为什么是20个？这就是K值的选择问题。第三，做决策。用户的爱好最终是与近邻用户人数最多的一个类别，这里采用了多数表决的方法进行分类决策，可以概括为“随大流”的思想。

1.1.2 科学问题

问题输入：训练数据集

$$Z=\{(x_1,y_1),(x_2,y_2),\cdots,(x_n,y_n)\} \tag{1-1}$$

其中，$x_i\in\chi\subseteq\mathbf{R}^n$为实例样本的特征向量，$y_i\in\{c_1,c_2,\cdots,c_n\}$为实例的类别；实例特征向量$x$；近邻用户个数$K$。

问题输出：实例x的类别y。

1.1.3 算法流程

构建K-近邻算法主要分为三个步骤：算距离，取近邻，做决策。下面详细解释这三个步骤。

(1) 算距离：计算测量值与样本集中每个数据的距离。常见距离的度量方法包括欧几里得距离和夹角余弦等。一般来说，文本分类使用夹角余弦比欧几里得距离更加合适。

(2) 取近邻：将计算好的距离排序，选择K个距离最近的样本点。选择合适的K值，对算法分类的效果尤为重要。如果K值太小，则分离器容易受到训练数据中的噪声影响；如果K值太大，分类器可能会误分类测试样本。可利用交叉验证的方案来选择K值。

(3) 做决策：得到近邻列表后，采用多数表决的方法对测试样本进行分类。在多数表决中，每个近邻对分类的影响都一样，这使得算法对K的选择很敏感。降低K

的影响的一种途径是根据每个近邻距离的不同对其作用加权。

1.1.4 算法描述

算法 1-1 是对 K-近邻算法的描述。算法首先对每个测试样本实例 $x_{si} \in X$ 计算与所有训练集 $(x_i, y_i) \in Z$ 之间的距离，得到近邻列表 D_z，然后根据近邻列表的分类情况以多数判决的规则决定测试样本的分类。算法的伪代码如下。

算法 1-1 K-近邻分类算法。

输入：训练数据集 Z；

可调参数 K；测试样例集的特征向量 X；

1： **for all** $x_{si} \in X$ **do**

2： 计算测试样本 x_{si} 到每个训练集 $(x_{tj}, y_{tj}) \in Z$ 之间的距离 d

3： 以距离为特征对训练集排序，得到距离最近的 K 个近邻集合 D_z

4： 多数表决 $y_{si} = \underset{c}{\mathrm{argmax}} \sum_{(x_{tj}, y_{tj}) \in D_z} I(c = y_{tj})$

5： **end for**

输出：实例 x_{si} 的类别 y_{si}

其中，c 是类别标号，$I(c = y_{tj})$ 为指示函数，如果参数为真，则值为 1，如果参数为假，则值为 0。

KNN 的优点在易于理解，模型使用高效(不代表存储量低，但是遍历计算复杂问题有很多工程方法解决)，有一定鲁棒性(K 值较大时明显抗噪能力强)；算法的不足在于大多数情况下并没有那么好的训练集(例如小簇对大簇存在分类劣势)。

1.1.5 补充说明

1. 欧几里得距离与余弦距离

设特征空间 χ 是 n 维实数向量空间 $\mathbf{R}^n$，$x_i, x_j \in \chi$，$x_i = (x_i^{(1)}, x_i^{(2)}, \cdots, x_i^{(n)})$，$x_j =$

$(x_j^{(1)}, x_j^{(2)}, \cdots, x_j^{(n)})$，则特征向量之间的欧几里得距离为

$$d(x_i, x_j) = \sqrt{\sum_{l=1}^{n} (x_i^{(l)} - x_j^{(l)})^2} \tag{1-2}$$

余弦距离为

$$\cos(\boldsymbol{x}_i, \boldsymbol{x}_j) = \frac{\boldsymbol{x}_i \cdot \boldsymbol{x}_j}{\| x_i \| \cdot \| x_j \|} \tag{1-3}$$

其中，欧几里得距离表达的是两向量的绝对距离，计算的是两向量中各维度的绝对差值。因此，计算欧几里得距离的时候要求各维度指标有相同的刻度级别，在使用之前需要对底层数据进行标准化处理。而余弦距离注重两向量方向上的差异，而非位置。

邻近度度量公式有许多，如皮尔逊相关系数、Jaccard 相关系数等，距离度量的类型的选取需要与数据类型相适应。各种类型的邻近度度量公式的区别及适用条件可见参考文献。

2. 距离加权表决

在多数表决中，K 个近邻用户对最终决策的贡献是一样的，这使得 K 值对决策结果很敏感，降低这种敏感的有效手段之一是使用距离加权表决。其形式化如下：

$$y = \underset{c}{\operatorname{argmax}} \sum_{(x_i, y_i) \in D_z} w_i \times I(c = y_i) \tag{1-4}$$

1.2 KNN 算法实现

本节讲述如何使用 Java 实现 K-近邻算法，并开发 KNN 算法的简单应用，以加深读者对构建 KNN 算法的三个主要步骤的理解。

1.2.1 简介

本算法的 Java 实现主要包括数据处理和算法模块。数据处理模块的主要内容有数据的加载及预处理、训练集和测试集的划分；算法模块的主要内容有计算欧几

里得距离、选取近邻数据及决策。下面将详细介绍 Java 类的设计情况。

算法设计流程图如图 1-1 所示。

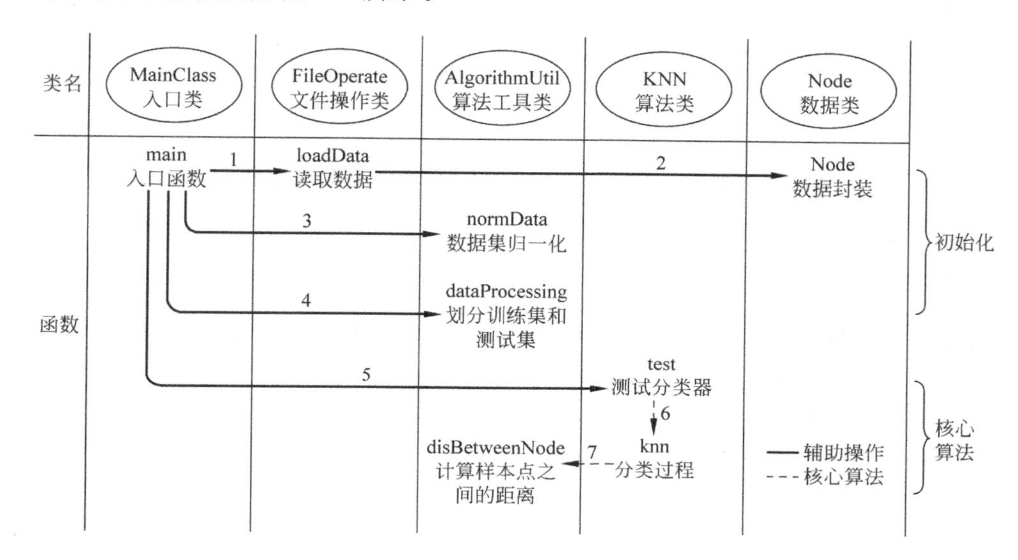

图 1-1 算法设计流程图

类名称及其描述如表 1-1 所示。

表 1-1 类名称及其描述

类名称	类描述

Node	(描述一个数据点)
	成员变量:
	`private ArrayList<Double> property;   //数据点的属性向量`
	`private String label;                 //数据点的标签`

AlgorithmUtil	(集成算法所需要的工具类)
	函数:
	`/** 归一化数值 */`
	`Public static double normNum(double oldValue,double max, double K){…}`
	`/** 计算两个样本之间的邻近度(欧氏距离)*/`
	`public static double disBetweenPoint(Node o1,Node o2){…}`
	`/** 将数据集归一化处理 */`
	`Public static void normData(ArrayList<Node> dataList){…}`
	`/** 划分训练集 */`
	`Public static Array<ArrayList<Node>> dataProcessing(ArrayList<Node> dataSetList, double trainRate){…}`

续表

类 名 称	类 描 述

FileOperate	(描述文件的读写)
	函数:
	`/** 读取 txt 文件 */`
	`public static ArrayList<Node> loadData(String data_path){…}`

Configuration	(描述算法的可变变量)
	成员变量:
	`Public static final String DATA_PATH = "";`
	`Public static final int K = "";`
	`Public static final double TRAINRATIO = "";`

KNN	(描述 K-近邻算法)
	函数:
	`/** KNN 算法过程 */`
	`public String knn(Node node, ArrayList<Node> trainSet){…}`
	`/** 测试分类器 */`
	`public void test(ArrayList<Node> testSet, ArrayList<Node> trainSet)`
	`{…}`

Node 类主要描述一个数据点,存储了数据点的特征属性和标签;AlgorithmUtil 为算法集成工具类,主要功能包括随机数的生成、归一化数值、邻近度度量、特征最大最小值选择;FileOperate 类主要的功能是读写文件;Configuration 类集成了可变变量,主要包括数据的存储路径、近邻个数、训练集比例;KNN 类描述了 KNN 算法的主要流程。

1.2.2 核心代码

实现 KNN 算法的核心代码主要有三个部分:第一,随机选取训练集;第二,样本点之间的距离计算;第三,KNN 算法过程。下面详细介绍这三部分核心代码。

1. 随机生成训练集和测试集

```
1   /**
2     * 划分训练集和测试集
3     *
4     * @param dataSetList 数据集
5     * @param trainRate 训练集比例
6     * @return 训练集和测试集
7     */
8   public static ArrayList<ArrayList<Node>> dataProcessing(ArrayList<Node>
    dataSetList, double trainRate) {
9         ArrayList<ArrayList<Node>> trainTestSet = new ArrayList<ArrayList
          <Node>>();
10        ArrayList<Node> trainSet = new ArrayList<Node>();
11        ArrayList<Node> testSet = new ArrayList<Node>();
12        int dataSize = dataSetList.size();
13        int trainLength = (int) (dataSize * trainRate);
14        int[] sum = new int[dataSize];
15        for (int i = 0; i < dataSize; i++) {
16            sum[i] = i;
17        }
18        int num = dataSize;
19        for (int i = 0; i < trainLength; i++) {
20            int temp = (int) (Math.random() * (num--));
21            trainSet.add(dataSetList.get(sum[temp]));
22            sum[temp] = sum[num];
23        }
24        trainTestSet.add(trainSet);
25        for (int i = 0; i < dataSize - trainLength; i++) {
26            testSet.add(dataSetList.get(sum[i]));
27        }
28        trainTestSet.add(testSet);
29        return trainTestSet;
30  }
```

随机生成训练集的Java实现过程如下：首先随机生成训练集的编号，因为训练集的编号是在一定范围内的，因此随机数的生成需要在一定范围内，并且数量是确定的。这里的代码主要是生成一定数量在某段范围内的随机数。

2. 邻近度度量

考虑到数据集的特点，我们使用欧几里得距离来度量两个实例样本之间的距离。需要注意的是，做邻近度度量时是归一化后的特征数据。其Java实现如下。

```
1    /**
2     * 计算两个样本之间的距离
3     * @param o1: 样本 1
4     * @param o2: 样本 2
5     * @return 样本 1 与样本 2 的距离
6     */
7    public double disBetweenNode(Node o1, Node o2) {
8        double distance;
9        double sum = 0;
10       for (int i = 0; i < o1.getProperty().size(); i++) {
11           sum += Math.pow((o1.getProperty().get(i) - o2.getProperty()
             .get(i)), 2);
12       }
13       distance = Math.pow(sum, 0.5);
14       return distance;
15   }
```

3. KNN算法过程

```
1    /**
2     * KNN 分类过程
3     *
4     * @param node 要分类的实例
5     * @param trainSet 训练集
6     * @return 分类标签
```

```
7        */
8    public String knn(Node node, ArrayList<Node> trainSet) {
9        String label = null;
10        for (int i = 0; i < trainSet.size(); i++) {
11            double dis = AlgorithmUtil.disBetweenNode(node, trainSet
             .get(i));                                    //计算欧几里得距离
12            trainSet.get(i).setDisFromNode(dis);
13        }
14        //对距离从小到大排序
15        Collections.sort(trainSet, new Comparator<Node>() {
16            public int compare(Node o1, Node o2) {
17                if (o1.getDisFromNode() > o2.getDisFromNode()) {
18                    return 1;
19                } else if (o1.getDisFromNode() == o2.getDisFromNode()) {
20                    return 0;
21                } else {
22                    return -1;
23                }
24            }
25        });
26        HashMap<String, Integer> countMap = new HashMap<String, Integer>();
27        for (int i = 0; i < Configuration.K; i++) {//对 K 个近邻用户统计他们的
                                                   //分类信息
28            String neigborLabel = trainSet.get(i).getLabel();
29            if (countMap.containsKey(neigborLabel)) {
30                int count = countMap.get(neigborLabel) + 1;
31                countMap.put(neigborLabel, count);
32            } else {
33                countMap.put(neigborLabel, 1);
34            }
35        }
36        //判别方式,多数服从少数
37        int max = 0;
38        Iterator<String> it = countMap.KeySet().iterator();
39        while (it.hasNext()){
```

```
40              String countKey = it.next();
41              if (countMap.get(countKey) > max) {
42                  max = countMap.get(countKey);
43                  label = countKey;
46              }
47          }
48          return label;
49      }
```

Java 实现的 KNN 算法首先计算测试用例与训练集的距离，然后根据距离对训练集进行由小到大排序，然后取前 K 个作为测试用例的近邻，最后以多数判决的方式决定测试用例的类别。

1.3 实验数据

本实验使用 UCI 的公开数据集鸢尾花数据集，下载网址为 http://archive.ics.uci.edu/ml/datasets/Iris，样本主要包含 4 种特征：萼片长、萼片宽、花瓣长、花瓣宽。其类标签主要有三个：Iris-virginica、Iris-versicolor 和 Iris-setosa。每类样本的数量是 50 个。使用 KNN 算法将测试样本根据样本特征归类。表 1-2 是部分样本数据。

表 1-2 部分样本数据

序号	萼片长/cm	萼片宽/cm	花瓣长/cm	花瓣宽/cm	类标签
1	5.1	3.5	1.4	0.2	Iris-setosa
2	4.9	3.0	1.4	0.2	Iris-setosa
3	7.0	3.2	4.7	1.4	Iris-versicolor
4	6.3	3.3	6.0	2.5	Iris-virginica

1.4 实验结果

1.4.1 结果展示

本实验按常规随机将80%的数据作为训练集，剩余20%的数据作为测试集。近邻个数是3。其部分结果展示如表1-3所示。

表1-3 部分结果展示

样本归一化后的特征	测试样本实际的分类	分类器的分类结果
(0.16,0.45,0.08,0.0)	Iris-setosa	Iris-setosa
(0.33,0.12,0.50,0.49)	Iris-versicolor	Iris-versicolor
(0.38,0.33,0.52,0.49)	Iris-versicolor	Iris-versicolor
(0.47,0.37,0.59,0.58)	Iris-versicolor	Iris-versicolor
(1.0,0.74,0.91,0.79)	Iris-virginica	Iris-virginica
(0.66,0.45,0.77,0.95)	Iris-virginica	Iris-virginica
(0.42,0.29,0.70,0.74)	Iris-virginica	Iris-virginica

此次实验的错误率为3.3%。

1.4.2 结果分析

分类器的错误率为3.3%，说明分类效果还不错。我们可以调节训练集和测试集比例以及调节 K 值，观测错误率是否发生变化。数据集、分类算法等都能影响分类器的性能。

KNN算法适合多分类问题，算法的优点是简单，易于理解。其不足之处有两点。第一，当样本极度不平衡时，如某个类别的样本数量过大导致分类时大数量的样本占多数，将影响分类精度。第二，KNN算法在分类时需要计算测试样本到每个训练样本的距离才能找到 K 个近邻，导致计算量大。

第2章

朴素贝叶斯

2.1 朴素贝叶斯算法原理

如果一堆感情骗子的普遍特点是"长得帅、爱说谎、不接电话、有钱、……"，经济适用男的特点是"不说谎、爱父母、有车有房、……"(先验)。那么把问题反过来，当遇到一个"长得帅、不说谎、没钱"的人的时候(后验)，怎么确定他是不是好人？对此，从先验概率和后验概率说起，这就是朴素贝叶斯算法。另外，笔者有个体会，对现代发展越来越不朴素的朴素贝叶斯算法，到底得失如何，在实践使用中，还是需要三思的。

2.1.1 朴素贝叶斯算法引入

大家在决定去看电影之前，通常会先去豆瓣上看看对该影片的评分或者评论。在面对数量众多的评论时，一个很关键的问题就是如何对这些影评进行分类？如果逐条评论阅读，当然可以很容易地评判出是好评还是差评。可是，人工阅读的速度毕竟是很慢的，那么我们会思考一个问题，可否找到一个方式，让计算机替我们解决这个影评分类问题。这样，我们只需将这些影评输入计算机中，然后经过某种过程，最终输出结果就是分类之后的影评，如图 2-1 所示。

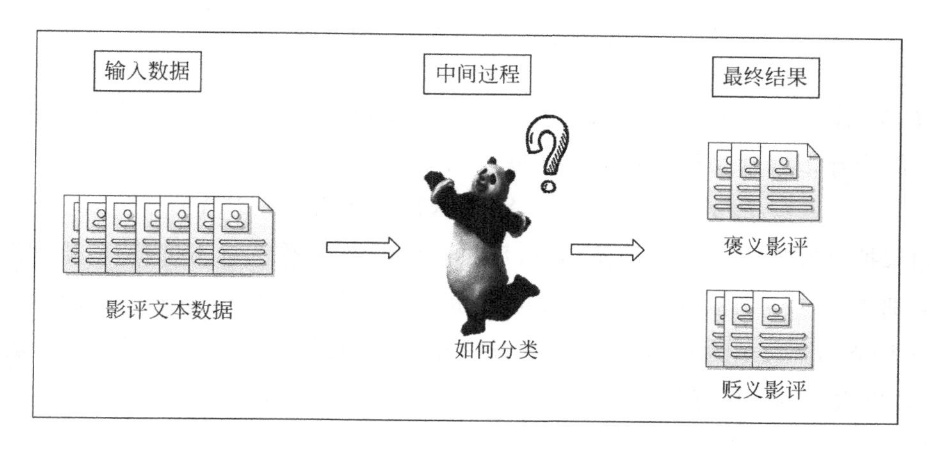

图 2-1　影评分类示意图

既然这是一个分类问题,那么我们就先去机器学习的分类算法里找一找,看看是否有合适的算法可以解决这个算法。首先思考在机器学习算法中常见的分类算法有哪些?很容易想到的就是决策树、朴素贝叶斯、支持向量机(SVM)等经典分类算法。其次,结合需要解决的问题,进一步选择分类算法。这些影评都是文本数据,而朴素贝叶斯是可以直接用于文本分类的算法之一,且在实际应用中取得了较好的效果。下面就来深入了解朴素贝叶斯算法的细节。

2.1.2　科学问题

1. 相关理论

当给定一条影评后我们需要判断出是好评还是差评,用 $P(Y)$表示影评为好评或差评的概率,每一条影评中,每个单词出现的概率用 $P(X)$表示,在相应类别评论中单词 X 出现的概率为 $P(X|Y)$,最终结果即为求已知某条评论中所有单词出现的概率,求该评论对应的类别,即求 $P(Y|X)$。

2. 问题定义

朴素贝叶斯算法来源于如下的朴素贝叶斯公式:

$$P(Y \mid X) = \frac{P(X \mid Y)P(Y)}{P(X)} \tag{2-1}$$

其中,$P(Y)$称为先验概率,$P(X|Y)$为条件概率,$P(Y|X)$则叫作后验概率。朴素贝叶斯公式的推导依据则是概率理论中的联合概率公式:

$$P(Y,X) = P(Y \mid X)P(X) = P(X \mid Y)P(Y) \tag{2-2}$$

如果把贝叶斯公式引入机器学习,那么就可以把 X 作为样本的特征,Y 理解为样本的类别集。这样先验概率 $P(Y)$就可表示为:某个样本属于某个类别的概率。条件概率 $P(X|Y)$表示为:属于某个类别的样本具有某些特征的概率。而后验概率 $P(Y|X)$可表示为:具有某些特征的样本属于某个类别的概率,这也是我们需要解决的问题。

通常情况下,直接计算 $P(Y|X)$会很困难甚至不可行,通过联合概率公式转换得到的朴素贝叶斯公式,使得我们可以在已知 $P(Y)$,$P(X|Y)$的情况下求得 $P(Y|X)$。这样在实际分类过程中,我们需要做的是根据输入样本的特征逐一计算其属于可能类别的概率,然后选取概率最大的类别作为该样本的类别。贝叶斯方法正是通过数学方式把计算后验概率的任务转换为了计算条件概率。这样,我们只需要找到包含已知标签的样本,即可进行训练任务。

2.1.3 算法流程

假设 X 是定义在输入空间上的随机变量表示为 $X=\{x_1,x_2,\cdots,x_l\}$,Y 则是定义在输出空间上的随机变量 $Y=\{c_1,c_2,\cdots,c_k\}$。朴素贝叶斯分类时,对给定输入样本 $x_i(i=1,2,\cdots,l)$,通过学习到的模型计算后验概率 $P(Y=c_j/X=x_i)(j=1,2,\cdots,k)$,取后验概率最大时相应的类别 c_j 作为样本 x_i 的输出。根据公式(2-1)可知后验概率计算方式如下:

$$P(Y = c_j/X = x_i) = \frac{P(X = x_i/Y = c_j)P(Y = c_j)}{P(X = x_i)} \tag{2-3}$$

在具体计算条件概率 $P(X=x_i/Y=c_j)$时,假设条件概率具有条件独立性,朴素贝叶斯的朴素性就表现于此。计算方式如下:

$$P(X = x_i/Y = c_j) = P(X^{(1)} = x_i^{(1)},\cdots,X^{(m)} = x_i^{(m)}/Y = c_j)$$

$$= \prod_{s=1}^{m} P(X^{(s)} = x_i^{(s)} / Y = c_j) \tag{2-4}$$

其中，$x_i^{(s)}$ 表示输入样本 x_i 的第 s 个特征的取值。

将式(2-4)代入式(2-3)中有

$$P(Y = c_j / X = x_i) = \frac{\prod_{s=1}^{m} P(X^{(s)} = x_i^{(s)} / Y = c_j) P(Y = c_j)}{P(X = x_i)} \quad (j = 1,2,\cdots,k) \tag{2-5}$$

取概率最大的类别 c_j 为样本 x_i 的输出，则分类器可表示为：

$$y = f(x_i) = \arg\max_{c_j} \frac{\prod_{s=1}^{m} P(X^{(s)} = x_i^{(s)} / Y = c_j) P(Y = c_j)}{P(X = x_i)} \tag{2-6}$$

对所有类别 c_j，式(2-6)中分母都是相同的，所以可简化为：

$$y = f(x_i) = \arg\max_{c_j} \prod_{s=1}^{m} P(X^{(s)} = x_i^{(s)} / Y = c_j) P(Y = c_j) \tag{2-7}$$

由此可知，朴素贝叶斯算法最终需要通过训练集获取参数 $P(X^{(s)}=x_i^{(s)}/Y=c_j)$ 和 $P(Y=c_j)$，这里使用极大似然估计法来估计参数的概率。

令 D_j 表示训练集中 c_j 类样本的集合，则条件概率如下计算：

$$P(X^{(s)} = x_i^{(s)} / Y = c_j) = \frac{N_{j,x_i^{(s)}}}{|D_j|} \tag{2-8}$$

这里 $N_{j,x_i^{(s)}}$ 表示 D_j 中第 s 个特征取值为 $x_i^{(s)}$ 的样本的数量，这里称作特征变量，N_j 表示 D_j 中元素的个数，这里称作样本变量。

先验概率计算方法如下：

$$P(Y = c_j) = \frac{|D_j|}{\sum_{j=1}^{k} |D_j|} \tag{2-9}$$

k 表示训练集中样本类别个数。

2.1.4 算法描述

朴素贝叶斯算法分为训练和测试两部分，训练包括计算训练集中每个属性值的条件概率和类别的先验概率，测试部分则是用训练好的参数对预测样本进行分类预测。这里定义集合 D_j 中元素的数量变量为 N_j。

算法 2-1 模型训练。

输入： 训练集 $D=\{(x_1,y_1),(x_2,y_2),\cdots,(x_l,y_l)\}$；

特征变量 $N_{j,x_i^{(s)}}$；

样本变量 N_j.

过程：

1： 初始化特征变量 $N_{j,x_i^{(s)}}$，样本变量 N_j

2： **for** $i=1,2,\cdots,l$ **do**

3： 判断样本 x_i 的类别；

相应类别的样本变量 N_j 加 1；

4： **for** $s=1,2,\cdots,m$ **do**

5： 相应类别的特征变量 $N_{j,x_i^{(s)}}$ 加 1；

6： **end for**

7： **end for**

输出： 条件概率 $P(X^{(s)}=x_i^{(s)}/Y=c_j)=N_{j,x_i^{(s)}}/N_j$

先验概率：$P(Y=c_j)=N_j/\sum_{j=1}^{k}N_j$

算法 2-2 模型预测。

输入： 待预测样本 $X=\{x_1,x_2,\cdots,x_m\}$；

过程：

1： **for** $i=1,2,\cdots,m$ **do**

2： 获取条件概率 $P(X^{(s)}=x_i^{(s)}/Y=c_j)(j=1,2,\cdots,k)$；

3： 获取先验概率 $P(Y=c_j)(j=1,2,\cdots,k)$；

4： 公式(7)计算 $y=f(x_i)$；

5： **end for**

输出：样本类别 $y=f(x_i)$

2.1.5 算法补充

在使用朴素贝叶斯算法进行实际分类过程中，样本可能会遇到某个属性值的条件概率为0，从而导致分类产生偏差。对于此问题，一般采用平滑技术，则条件概率和先验概率计算方式如下：

$$P(X^{(s)}=x_i^{(s)}/Y=c_j)=\frac{N_{j,x_i^{(s)}}+1}{N_j+s_j} \tag{2-10}$$

其中，s_j 表示训练集中样本第 j 个属性可能取值的个数。

$$P(Y=c_j)=\frac{N_j+1}{\sum_{j=1}^{k}N_j+k} \tag{2-11}$$

k 表示训练集中样本类别个数。

2.2 朴素贝叶斯算法实现

2.2.1 简介

本算法的Java实现主要包括数据处理和算法模块。数据处理模块的主要内容有数据的加载及预处理、训练集和测试集的划分；算法模块的主要内容有计算先验概率和条件概率以及分类决策。下面详细介绍Java类设计情况。

算法设计流程图如图2-1所示。

类名称及其描述如表2-1所示。

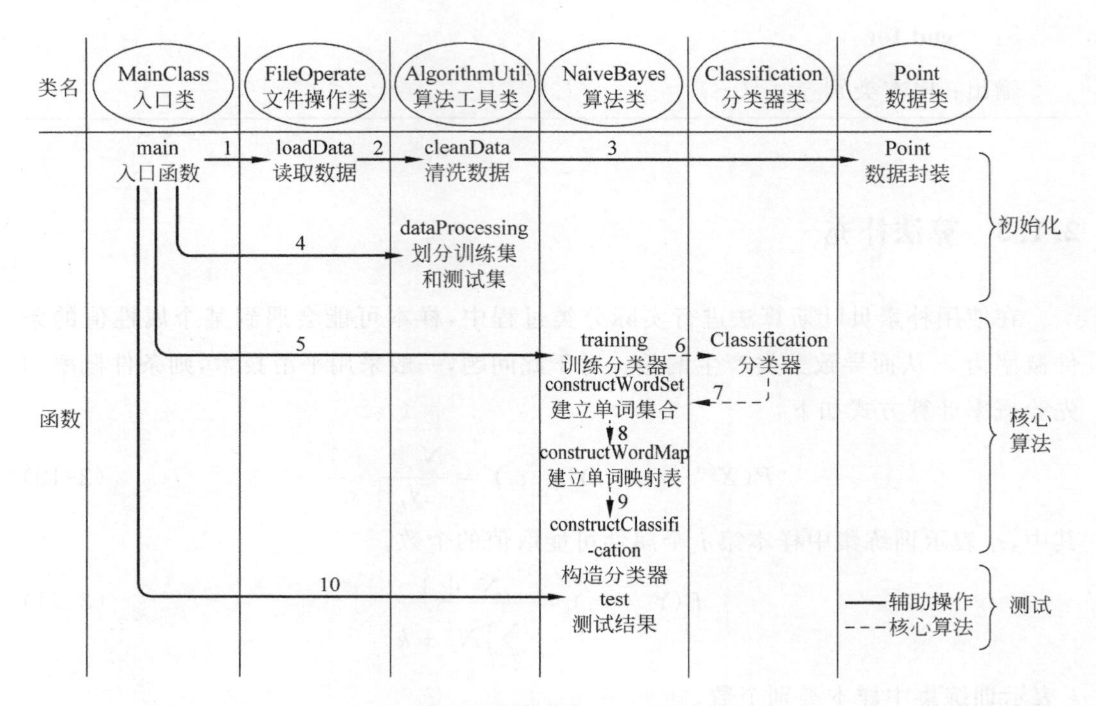

图 2-2 算法设计流程图

表 2-1 类名称及其描述

<table>
<tr><th>类 名 称</th><th>类 描 述</th></tr>
<tr><td>Example</td><td>(定义输入的每一条短信)
成员变量:
<code>private String type; //短信类别</code>
<code>private String message; //短信内容</code></td></tr>
<tr><td>NaiveBayes</td><td>(训练朴素贝叶斯算法)
函数:
<code>/** 训练朴素贝叶斯分类器 */</code>
<code>public Classification training(ArrayList <Node> trainingList){…}</code>
<code>/** 测试朴素贝叶斯分类器 */</code>
<code>public void test (ArrayList < Node > testList, Classification classification){…}</code></td></tr>
</table>

续表

类 名 称	类 描 述

AlgorithmUtil	(工具类各种需要的辅助函数)
	函数：
	`/** 清理数据 */`
	`public String cleanData(String info) {…}`
	
	`/** 获取训练集和测试集 */`
	`public static ArrayList<ArrayList<Example>> dataProcessing(ArrayList<Example> dataSetList, double trainRate) {…}`

2.2.2 核心代码

通过训练数据集训练出朴素贝叶斯分类器，其具体过程如下。

```
1    /**
2      * 训练朴素贝叶斯分类器
3      * @param trainingList 训练集
4      * @return classification 训练完毕的分类器
5      */
6    public Classification training(ArrayList<Example> trainingList) {
7        HashMap<String, Double> hamMap = new HashMap<String, Double>();
                                                              //非垃圾短信单词表
8        HashMap<String, Double> spamMap = new HashMap<String, Double>();
                                                                //垃圾短信单词表
9        HashSet<String> trainingSet = new HashSet<String>();
                                                      //此长度为训练集不重复单词数
10       ArrayList<String> hamWords = new ArrayList<String>();
                                                              //非垃圾短信所有词
11       ArrayList<String> spamWords = new ArrayList<String>();
                                                                //垃圾短信所有词
12
13       //1、建立单词集合
```

```
14        HashMap<String, Double> parameterList = constructWordSet
          (trainingList, hamWords, spamWords, trainingSet);//用 MAP
15
16        //2、建立单词映射表
17        constructWordMap(hamWords, spamWords, hamMap, spamMap);
18
19        //3、构建分类器
20        Classification classification = constructClassification
          (parameterList, trainingSet, hamMap, spamMap);
21
22        return classification;
23    }
24
25    /**
26     * 建立单词集合
27     * @param trainingList 训练集
28     * @param hamWords 非垃圾短信所有词
29     * @param spamWords 垃圾短信所有词
30     * @param trainingSet 训练集中不重复单词集合
31     * @return parameterList 训练过程中的参数
32     */
33     public HashMap < String, Double > constructWordSet ( ArrayList < Example >
     trainingList, ArrayList<String> hamWords,
34             ArrayList<String> spamWords, HashSet<String> trainingSet) {
35         double hamCount = 0;                        //非垃圾短信数量
36         double spamCount = 0;                       //垃圾短信数量
37         double hamWordsCount = 0;                   //非垃圾短信单词总数
38         double spamWrodsCount = 0;                  //垃圾短信单词总数
39
40         for (int i = 0; i < trainingList.size(); i++){  //针对(矩阵)所有单词
41             Example data = trainingList.get(i);         //一条短信
42             String type = data.getType();               //短信类别
43             String[] words = data.getMessage().split("\\s+");
44             if (type.equals("ham")){
45                 hamCount++;                             //短信数量加 1
46                 hamWordsCount += words.length;          //单词数量加
```

```
47                for (int j = 0; j < words.length; j++){   //赋值
48                    hamWords.add(words[j]);
49                    trainingSet.add(words[j]);
50                }
51            } else if (type.equals("spam")){
52                spamCount++;                               //短信数量加 1
53                spamWrodsCount += words.length;            //单词数量加
54                for (int k = 0; k < words.length; k++){
55                    spamWords.add(words[k]);
56                    trainingSet.add(words[k]);
57                }
58            }
59        }
60
61        HashMap<String, Double> parameterList = new HashMap<String, Double>();
62        parameterList.put("hamCount", hamCount);
63        parameterList.put("spamCount", spamCount);
64        parameterList.put("hamWordsCount", hamWordsCount);
65        parameterList.put("spamWrodsCount", spamWrodsCount);
66
67        return parameterList;
68    }
69
70    /**
71     * 建立单词映射表
72     * @param hamWords 非垃圾短信所有词
73     * @param spamWords 垃圾短信所有词
74     * @param hamMap 非垃圾短信单词表
75     * @param spamMap 垃圾短信单词表
76     */
77    public void constructWordMap(ArrayList < String > hamWords, ArrayList < String >
      spamWords,
78                HashMap < String, Double > hamMap, HashMap < String, Double >
                  spamMap) {
79        for (int i = 0; i < hamWords.size(); i++){
80            String word = hamWords.get(i);
```

```
81              if (hamMap.containsKey(word)){
82                  hamMap.put(word, hamMap.get(word) + 1);
83              } else {
84                  hamMap.put(word, 1.0);
85              }
86          }
87
88          for (int i = 0; i < spamWords.size(); i++){
89              String word = spamWords.get(i);
90              if (spamMap.containsKey(word)){
91                  spamMap.put(word, spamMap.get(word) + 1);
92              } else {
93                  spamMap.put(word, 1.0);
94              }
95          }
96      }
97
98      /**
99       * 构造分类器
100      * @param parameterList 参数列表
101      * @param trainingSet 训练集中不重复单词集合
102      * @param hamMap 非垃圾短信单词表
103      * @param spamMap 垃圾短信单词表
104      * @return classification 训练完毕的分类器
105      */
106     public Classification constructClassification(HashMap<String, Double>
        parameterList, HashSet<String> trainingSet,
107             HashMap<String, Double> hamMap, HashMap<String, Double>
                spamMap) {
108         double hamCount = parameterList.get("hamCount");  //非垃圾短信数
109         double spamCount = parameterList.get("spamCount");//垃圾短信数量
110         double hamWordsCount = parameterList.get("hamWordsCount");
                                                            //非垃圾短信单词总数
111         double spamWrodsCount = parameterList.get("spamWrodsCount");
                                                             //垃圾短信单词总数
112         int count = trainingSet.size();                 //训练集单词类别总数
```

```
113
114        double hamProbability = hamCount / (hamCount + spamCount);
                                                         //非垃圾短信概率
115        double spamProbability = spamCount / (hamCount + spamCount);
                                                           //垃圾短信概率
116
117
118         Classification classification = new Classification(hamMap, spamMap,
            hamProbability, spamProbability,
119                 hamWordsCount, spamWrodsCount, count);
120
121        return classification;
122   }
123    public Classification constructClassification(ArrayList<Double>
      parameterList,HashSet<String> trainingSet,
124            HashMap<String,Double> hamMap,HashMap<String,Double> spamMap){
125        double hamCount = parameterList.get(0);     //非垃圾短信数量
126        double spamCount = parameterList.get(1);    //垃圾短信数量
127        double hamWordsCount = parameterList.get(2);       //非垃圾短信单词总数
128        double spamWrodsCount = parameterList.get(3);       //垃圾短信单词总数
129        double hamProbability = hamCount/(hamCount + spamCount);
                                                         //非垃圾短信概率
130        double spamProbability = spamCount/(hamCount + spamCount);
                                                           //垃圾短信概率
131        int count = trainingSet.size();
132        Classification classification = new Classification(hamMap, spamMap,
133                            hamProbability, spamProbability, hamWordsCount,
                               spamWrodsCount, count);
134
135        return classification;
136   }
```

训练好朴素贝叶斯分类器后，需要通过测试集来测试分类的正确率，其具体过程如下。

```
1     /**
2      * 测试朴素贝叶斯分类器
3      * @param testList 测试集
4      * @param classification 训练完毕的分类器
5      */
6       public void test(ArrayList<Example> testList, Classification
        classification) {
7        HashMap<String, Double> hamMap = classification.getHamMap();
                                                        //非垃圾短信单词表
8        HashMap<String, Double> spamMap = classification.getSpamMap();
                                                          //垃圾短信单词表
9        double correctCount = 0;                      //正确数量
10        double rate = 0;                             //正确率
11
12        for (int i = 0; i < testList.size(); i++){   //所有测试数据
13            Example data = testList.get(i);
14            double hamRate = 1;                      //非垃圾短信概率
15            double spamRate = 1;                     //垃圾短信概率
16            String type = new String();              //预测类型
17            String[] words = data.getMessage().split("\\s+");
18
19            //1、计算概率
20            for (int j = 0; j < words.length; j++){  //一条测试数据
21                String word = words[j];
22                if (hamMap.containsKey(word)){       //计算成为非垃圾短信概率
23                    hamRate *= (hamMap.get(word) + 1) / (classification
                      .getHamWordsCount() + classification.getCount());
24                } else {
25                      hamRate *= 1 / (classification.getHamWordsCount() +
                        classification.getCount());
26                }
27                if (spamMap.containsKey(word)){      //计算成为垃圾短信概率
28                    spamRate *= (spamMap.get(word) + 1) / (classification
                      .getSpamWordsCount() + classification.getCount());
29                } else {
30                     spamRate *= 1 / (classification.getSpamWordsCount() +
                       classification.getCount());
```

```
31                }
32            }
33            hamRate *= classification.getHamProbability();
34            spamRate *= classification.getSpamProbability();
35            hamRate = Math.log(hamRate);
36            spamRate = Math.log(spamRate);
37
38            //2、比较概率
39            if (hamRate > spamRate) {
40                type = "ham";
41            } else if (hamRate < spamRate) {
42                type = "spam";
43            } else if (hamRate == spamRate) {
44                type = "unknown";
45            }
46            if (type.equals(data.getType()))
47                correctCount++;
48        }
49
50        rate = correctCount / testList.size();
51        System.out.println("测试集数量: " + testList.size());
52        System.out.println("预测正确的数量: " + correctCount);
53        System.out.println("预测错误的数量: " + (testList.size() -
          correctCount));
54        System.out.println("正确率: " + rate);
55    }
```

2.3 实验数据

我们实验所用数据是UCI上的公开数据SMS Spam Collection Data Set(网址链接:http://archive.ics.uci.edu/ml/datasets.html),数据集共包含5574条短信,其中H类别短信为非垃圾短信,S类别短信为垃圾短信,统计后发现还有一些短信为

空。表 2-2 是关于该数据集的统计信息(数据下载地址：http://archive.ics.uci.edu/ml/datasets/SMS+Spam+Collection)。

表 2-2 数据统计信息

数据类别	条 数
Instances	5574
H messages	4802
S messages	747
Blank	25

2.4 实验结果

2.4.1 结果展示

我们取 70%的数据作为训练集训练贝叶斯分类器,剩下 30%的数据作为测试集。最终统计分类正确率,结果如表 2-3 所示。

表 2-3 朴素贝叶斯分类结果统计

分类结果	统 计 值
测试集数量	1665
预测正确的数量	1620
预测错误的数量	45
正确率	97.2%

2.4.2 结果分析

编写代码运行程序后得到数据集中短信总条数为 5549 条,选择其中的 3884 条作为训练集,剩下的 1665 条短信作为测试集,分类的正确率为 0.97。由此可见朴素贝叶斯算法能够很好地对文本数据进行分类。朴素贝叶斯算法由于其条件独立的假设存在一定的局限性，现实中待分类的样本各属性之间都或多或少存在一定的相关性，所以样本各属性之间条件独立往往也是不成立的，当属性之间相关性越强时，分类效果则可能会越差。但对于文本，例如短信、邮件的分类中，朴素贝叶斯算法取得了良好的表现。这里有学者提出可能是有些独立假设在各分类之间的分布都是均匀的，所以对于似然的相对大小不产生影响。

第3章

C4.5

3.1 C4.5 算法原理

心理测试好做，但是关键是这些测试题怎么出才准确？答案是将被测试的群体量化得当并且区别有方。有没有方法挑选最具区别性的问题？答案之一是条件熵——C4.5。

3.1.1 C4.5 算法引入

在一些杂志或者网站上，我们经常会看到一些"心理测试"，通过这些"测试"可以测试性格，测试运势等。虽然这些心理测试的可靠性没有依据，但能够起到一定的娱乐作用。如图 3-1 所示是截取的某心理测试的片段。

可以看到，这种类型的心理测试并不需要将测试题从头到尾做一遍，而是根据上一题的选项答案进行跳转，直到给出心理类型，这就是一个决策的过程。我们可以将测试题的跳转形式以树状图来表示，每一个节点表示一个题目，树的分支表示对应题目的选项答案，树的叶子节点表示测试的结果，即测试心理类型。树状图如图 3-2 所示。

1. 如果两个朋友各自在你面前指责对方，你会随他们的意思，表现出对另一方的不满吗？

是的→2 题　　不是→7 题

2. 你觉得自己是那种藏不住心事的人吗？

是的→8 题　　不是→3 题

……

6. 朋友们都喜欢跟你聊心事，发泄心情吗？

是的→B　　不是→A

……

11. 与别人相处的时候，你更多地注重对方做事的一些细节，而不是他整个人的性格。这样说对吗？

正确→D　　不对→C

【心理类型】

A 圆形　你是个非常圆滑的人……

B 六边形　你非常开朗大方……

C 三角形　你的个性很冲动……

D 菱形　你的好奇心特别旺盛……

图 3-1　某心理测试片段

由图 3-2 可以看出，不同的选择代表着不同的决策过程，会得到不同的决策结果。想要设计这样的心理测试，除了需要收集大量的调查结果，即不同性格的人对不同问题的回答情况的数据，同时需要解决两个问题：①我们设计的心理测试题的顺序是什么，即根据上一题的选项答案应该跳转到哪一题；②在哪些心理测试题的选项答案后面设置测试结果。这其实也就是一棵决策树的设计过程。接下来将围绕这两个问题，来学习决策树 C4.5 算法。

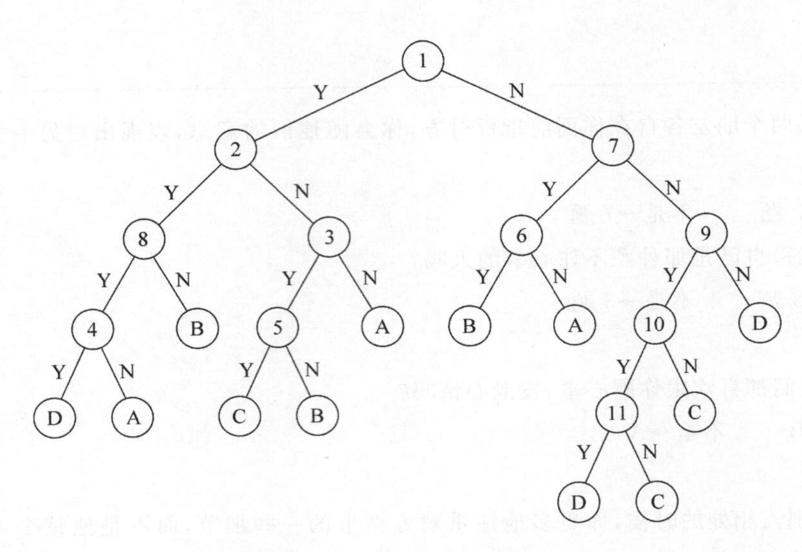

图 3-2 心理测试树状图

3.1.2 科学问题

1. 相关理论

决策树是一种常见的分类和回归方法，本章主要针对分类决策树进行讨论。分类决策树描述的是一种对实例样本进行分类的树状结构，即基于特征对实例进行分类的过程，决策树算法的目的是从数据样本集中归纳出一组具有分类能力的分类规则。由于能对训练数据进行基本正确分类的决策树可能有多个或者没有，因此，我们的目标是找到与数据样本集矛盾最小的决策树。

上述示例即属于分类决策树，将上述示例中心理测试的题目、答案选项以及测试的心理类型整体看成是数据样本集，心理测试的题目看成是特征集合，测试的心理类型看成是分类类别，心理测试题的设计就是我们需要构建的决策树。示例中所需要解决的两个问题也是决策树 C4.5 算法所需解决的问题。给定数据样本集合和特征集合，我们要解决以下两个问题。

（1）怎样选择特征来划分特征空间？从特征集合中挑选出能最大化减小数据样本集不确定性程度的特征，将其作为最优特征来划分特征空间。

(2) 如何构建决策树？递归地选择最优特征，并根据该特征对数据样本集进行分割，使得对每个子集都有一个最好的分类，得到一个与数据样本集矛盾最小的决策树。

2. 问题定义

决策树算法的输入是数据样本集合 $D=\{(\boldsymbol{x}_1,y_1),(\boldsymbol{x}_2,y_2),\cdots,(\boldsymbol{x}_M,y_M)\}$ 和特征集合 $A=\{a_1,a_2,\cdots,a_N\}$。其中，M 表示数据样本集合中样本的个数；N 表示特征集合中特征的个数；$\boldsymbol{x}_m=[x_1,x_2,\cdots,x_N]$ 表示一个样本的特征向量，其维度为 N；y_m 表示样本的分类标签；a_n 表示一个特征，$\boldsymbol{x}_m$ 中的 x_n 表示特征 a_n 的取值。决策树算法的输出是一个与数据样本集矛盾最小的决策树 Tree=TreeGenerate(D,A)。

3.1.3 算法流程

1. 特征选择

为了解决科学问题 1，通过从特征集合 $A=\{a_1,a_2,\cdots,a_d\}$ 中挑选出能最大化减小数据样本集不确定性程度的特征，即 $a_n^*=\text{argmax}_{a_n}G_{a_n}(D,a_n)$ 实现。其中，$G_{a_n}(D,a_n)$ 表示挑选特征 a_n 使数据样本集减少的不确定性程度。在 C4.5 算法中，我们用信息增益比来表示 $G_{a_n}(D,a_n)$。为了更好地说明信息增益比，下面先了解一下有关熵和信息增益的概念。

在信息论与数理统计中，熵表示的是对随机变量不确定性的度量，条件熵表示的是在已知某个随机变量的条件下，对另一随机变量不确定性的度量。我们分别用 $H(D)$ 表示数据样本集合 D 的熵，$H(D|a_n)$ 表示集合 D 在条件 a_n 下的条件熵。假设数据样本集合 $D=\{(\boldsymbol{x}_1,y_1),(\boldsymbol{x}_2,y_2),\cdots,(\boldsymbol{x}_M,y_M)\}$ 中的样本个数为 M；D 中样本的分类为 $C_k,k=1,2,\cdots,K$；属于每个类别 C_k 的样本个数为 M_{C_k}。假设特征集合 $A=\{a_1,a_2,\cdots,a_N\}$ 中特征的个数为 N；根据特征 a_n 的取值将 D 划分成 I 个子集，$D_1,D_2,\cdots,D_I$，子集 D_i 中的样本个数为 M_i。记子集 D_i 中属于类别 C_k 的样本集合为 D_{ik}，其样本个数为 M_{ik}。则 $H(D)$ 和 $H(D|a_n)$ 的计算公式如下：

$$H(D)=-\sum_{k=1}^{k}\frac{M_{C_k}}{M}\log_2\frac{M_{C_k}}{M} \tag{3-1}$$

$$H(D\mid a_n)=\sum_{i=1}^{I}\frac{M_i}{M}H(D_i)=-\sum_{i=1}^{I}\frac{M_i}{M}\sum_{k=1}^{K}\frac{M_{ik}}{M}\log_2\frac{M_{ik}}{M} \tag{3-2}$$

由于我们需要挑选出能最大化减小数据样本集不确定性程度的特征，根据熵和条件熵的概念，可以知道熵与条件熵之差即是数据样本集不确定性程度的减少量，我们称这个差值为信息增益，计算公式如下：

$$\text{Gain}(D,a_n)=H(D)-H(D\mid a_n) \tag{3-3}$$

$\text{Gain}(D,a_n)$表示由于特征 a_n 而使得对数据样本集 D 的分类的不确定性减小的程度，则我们应该选择的特征为信息增益最大的特征，即：

$$a_n^*=\text{argmax}_{a_n}\text{Gain}(D,a_n) \tag{3-4}$$

如果以信息增益准则划分数据样本集，存在的问题是偏向于选择可取值数目较多的特征。为了减少这种偏好带来的负面影响，C4.5 算法采用信息增益比来选择最佳划分特征。信息增益比，即信息增益 $\text{Gain}(D,a_n)$与数据样本集 D 关于特征 a_n 的熵 $H_{a_n}(D)$之比，计算公式如下：

$$\text{Gain\_ratio}(D,a_n)=\frac{\text{Gain}(D,a_n)}{H_{a_n}(D)} \tag{3-5}$$

$$H_{a_n}(D)=-\sum_{i=1}^{I}\frac{M_i}{M}\log_2\frac{M_i}{M} \tag{3-6}$$

根据信息增益比准则的特征选择方法是：对数据样本集 D，计算每个特征的信息增益比并比较它们的大小，选择信息增益比最大的特征来划分 D，即：

$$a_n^*=\text{argmax}_{a_n}\text{Gain\_ratio}(D,a_n) \tag{3-7}$$

值得一提的是，信息增益并不是决策树选取特征的唯一方法。基尼不纯度通常也被用于决策树中特征的选取。尽管两种方法有截然不同的理论背景，但是大量实验表明，这两种方法的表现并没有显著差异。除了基尼不纯度之外，特征的分割度也可以用于选取特征。

2. 决策树的生成

为了解决科学问题 2，通过递归地选择最优特征 $a_n^*=\text{argmax}_{a_n}G_{a_n}(D,a_n)$，并根

据该特征对数据样本集进行分割，使得对每个子集都有一个最好的分类，得到一个与数据样本矛盾最小的决策树 Tree=CreateTree(D,A)。

对于这一过程，具体的方法是：首先，构造根节点，将所有的数据样本都放在根节点。然后根据信息增益比准则选择一个最优特征进行数据样本集的分割，使得分割后的各个子集在当前条件下有最好的分类。如果子集中所有样本均被正确分类，则对此子集构造叶子节点；若仍有部分子集中的样本不能被正确分类，则对这部分子集选择新的最优特征，并继续对其分割子集，构造相应的节点。对各个节点递归地调用上述方法，直到所有数据样本都能被正确分类或者所有特征都已被使用。最后生成了一棵决策树，数据样本集中每个样本都被分到对应的叶子节点中。当特征数量远远超过构建决策树所需特征数时，在构建决策树之前，可以先进行一次特征筛选，挑选出对数据样本集有足够分类能力的特征。

3. 决策树的使用

上述内容主要介绍了如何从原始数据样本集中创建决策树，下面将重点放在如何利用决策树进行数据分类上。

依靠训练数据创建决策树以后，利用这棵决策树以及特征集合便可对测试数据进行分类，决策树的使用同生成过程类似，依旧是一个递归过程。对每一个测试样本，比较样本在决策树中特征节点上的取值，从而跳转到下一个节点，递归执行该过程，直到跳转到叶子节点，最后将测试数据类别定义为该叶子节点所属类别。由于递归构造决策树的过程很耗时，为了提高时间性能，需要将创建好的决策树存储成一个对象，在对测试样本每次执行分类时调用已经创建好的决策树直接进行分类。

3.1.4 算法描述

根据上述算法流程，决策树 C4.5 算法的核心思想是：在决策树的各个节点上使用信息增益比准则来选择特征，递归地构建决策树。在 C4.5 算法中，有三种情形会导致递归返回：①当前节点中的所有样本都具有相同类别，则停止划分，递归返回；②当前没有剩余特征可供划分，则停止划分，递归返回；③当前节点中的数据样本集合为空，则停止划分，递归返回。算法描述如下。

算法 4-1 C4.5 算法。

输入：数据样本集合 $D=\{(\boldsymbol{x}_1,y_1),(\boldsymbol{x}_2,y_2),\cdots,(\boldsymbol{x}_M,y_M)\}$；

特征集合 $A=\{a_1,a_2,\cdots,a_N\}$；

过程：CreateTree(D,A)

1：生成树节点 node；

2：**for** A 的每一个未被用来划分数据集的特征 a_n **do**

3：　按照公式(3-5)计算信息增益比 Gain_ration(D,a_n)，并比较它们的大小

4：　保存信息增益比最大的特征为最优特征 a_*

5：**end for**

6：**if** D 中所有样本属于同一类别 C_k **then**

7：　将 node 标记为 C_k 类别的叶子节点；**return**

8：**end if**

9：**if** $A=\varnothing$ **or** D 中样本在 A 上取值完全相同 **then**

10：　将 node 标记为叶子节点，其类别标记为包含样本数最多的类 $(C_k)_{\max}$；**return**

11：**end if**

12：**if** $D=\varnothing$ **then**

13：　**return**

14：**else**

15：　根据 a_* 的每一个取值 a_*^i 分割样本集 D，得到样本子集 D_i

16：　调用 CreateTree$(D_i,A\backslash\{a_*\})$生成分支节点

17：**end if**

输出：以 node 为根节点的一棵决策树

3.1.5 补充说明

在决策树的学习中将已生成的树进行简化的过程称为剪枝。为了尽可能地正确

分类样本，节点的划分过程可能会不断重复，有时会造成决策树的分支过多，以至于将一些不具有分类能力的特征用户划分数据样本集，从而导致过拟合，降低分类的准确性。因此，可以通过主动剪掉一些分支来降低过拟合的影响。决策树剪枝的一种方法是通过极小化决策树整体的损失函数来实现。通过递归地从树的叶子节点向上回缩，比较叶子节点回缩到父亲节点之前和之后的决策树的损失函数值；若损失函数值减小，则进行剪枝并将其父亲节点作为新的叶子节点；重复上述过程直到不能剪枝为止，则可以得到损失函数最小的决策树。

3.2 C4.5算法实现

3.2.1 简介

对于C4.5算法的实现，我们采用Java语言进行实现。算法的实现流程如图3-3所示，具体的类名称及其描述如表3-1所示。

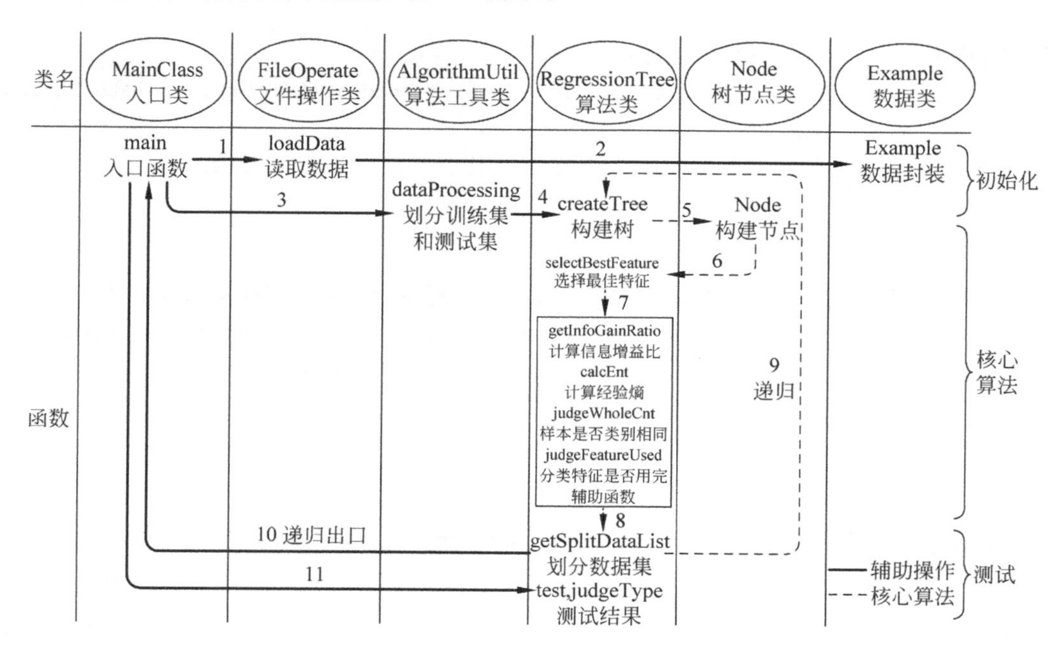

图3-3 算法设计流程图

表 3-1 类名称及其描述

类 名 称	类 描 述

Example	(描述数据样本集合中的数据样本点)
	成员变量:
	`private ArrayList<String> featureList;      //特征列表`
	`private String featureIndex;                 //所属类别索引`

Node	(描述决策树中的树节点)
	成员变量:
	`private String featureName;                  //划分树节点的特征取值`
	`private int featureIndex;                    //划分树节点的特征`
	`private ArrayList<Example> dataList;         //树节点存储的数据`
	`private ArrayList<Node> childrenList;        //孩子列表`
	`private String type;          //节点分类(只有叶子节点有节点分类)`

FileOperate	(描述文件的读入)
	函数:
	`/** 读取数据样本集 */`
	`public static ArrayList<Example> loadData(String data_path,String label){ … }`

AlgorithmUtil	(描述算法的工具)
	函数:
	`/** 将数据集按比例分配给训练样本列表和测试样本列表 */`
	`public static ArrayList<ArrayList<Example>> dataProcessing(double trainRate, ArrayList<Example> dataList){ … }`

Configuration	(描述工程的配置)
	成员变量:
	`public static final String DATA_PATH = "data/nursery.data";`
	`//数据存放路径`
	`public static final double TRAIN_RATE = 0.7;          //训练集比例`

续表

类 名 称	类 描 述
DecisionTree	（描述决策树 C4.5 算法） 函数： /** 构造决策树 */ public void creatTree(Node node){ … } /** 测试决策树分类器 */ public void test(ArrayList < Example > testList, Node classification){ … } /** 选择最佳划分方式 */ public int selectBestFeature(ArrayList < Example > tempDataList){ … } /** 计算给定特征的信息增益比 */ public double getInfoGainRatio(ArrayList < Example > tempDataList, int featureIndex){ … } /** 计算给定数据集的熵 */ public double calcEnt(ArrayList < Example > tempDataList){ … } /** 获取给定数据集可能分类的出现个数 */ public Map < String, Integer > getLabelCount(ArrayList < Example > tempDataList){ … } /** 获取给定特征的不同取值 */ public Map < String, Integer > getFeatureKeyMap(ArrayList < Example > tempDataList, int featureIndex){ … } /** 依据给定特征的取值划分数据集 */ public ArrayList < Example > getSplitDataList(ArrayList < Example > tempDataList, int featureIndex, String featureName){ … }

续表

类 名 称	类 描 述
DecisionTree	/** 判断子节点的样本类别是否为同一分类 */ public boolean judgeWholeCnt(Node node){…} /** 判断分类特征是否用完 */ public boolean judgeFeatureUsed(Node node){…} /** 如果所有分类特征都被用完,则采用多数表决方法决定节点类别 */ public String majorityVote(ArrayList <Example> tempDataList){…} /** 打印决策树路径(先序) */ public void printTreePath(Node node){…} /** 判断一条测试数据的类别 */ public String judgeType(Example data,Node node){…} /** 计算决策树分类器的准确率 */ public double calcAccuracy(String[] truth,String[] prediction){…}
MainClass	(描述算法的主类) 主函数: public static void main(String[] args) {…}

Example 用来描述数据,数据是指一些具有多种特征及标签的样本。Node 用来描述决策树中的树节点,用于存储树结构。FileOperate 用来描述文件的读入。AlgorithmUtil 用来描述算法工具,包括将数据集划分成训练集和测试集。Configuration 用来描述算法的相关配置,如读入的文件路径和训练集的比例。DecisionTree 用来描述决策树 C4.5 算法,包括特征选择以及决策树的生成。MainClass 是算法的主类,主函数在该类中。

3.2.2 核心代码

DecisionTree 类中有计算熵的方法，根据公式(3-1)计算熵，具体如下。

```
1    /**
2      * 计算给定数据集的熵
3      * @param tempDataList 临时数据集
4      * @return ent 给定数据集的熵
5      */
6    public double calcEnt(ArrayList<Example> tempDataList) {
7        double ent = 0;     //初始熵
8
9        //计算熵
10       Map<String, Integer> labelCount = getLabelCount(tempDataList);
         //记录各个类别包含样本数的 map 表
11       Iterator<String> it = labelCount.keySet().iterator();
12       while (it.hasNext()) {
13           String key = it.next();
14           int count = labelCount.get(key);
15           double p = (double) count / (double) tempDataList.size();
16           ent -= p * Math.log(p) / Math.log(2.0);
17       }
18       return ent;
19   }
```

在 DecisionTree 类中，计算过熵和条件熵后，根据公式(3-6)计算一个特征 a_i 的熵，然后根据公式(3-7)计算并选择信息增益比最大的特征作为划分数据集的特征。具体如下。

```
1    /**
2      * 计算给定特征的信息增益比
3      * @param tempDataList 临时数据集
4      * @param featureIndex 特征索引
5      * @return infoGainRatio 给定特征的信息增益比
```

```
6      */
7     public double getInfoGainRatio(ArrayList<Eample> tempDataList,
8             int featureIndex) {
9         double ent = calcEnt(tempDataList);          //计算熵
10        double conditionEnt = 0;                     //计算条件熵
11        double featureEnt = 0;                       //计算特征值的熵
12
13        Map<String, Integer> featureKeyMap = getFeatureKeyMap(tempDataList,
14                featureIndex);                       //获取该特征的不同取值
15        Iterator<String> it = featureKeyMap.keySet().iterator();
16        while (it.hasNext()){
17            String featureName = it.next();
18            ArrayList<Example> splitDataList = getSplitDataList
              (tempDataList,
19                    featureIndex, featureName); //划分数据集
20            double p = (double) splitDataList.size()
21                    / (double) tempDataList.size();
22            double splitDataListEnt = p * calcEnt(splitDataList);
                                                //计算划分后数据集的条件熵
23            double featureEntForOne = -p * Math.log(p) / Math.log(2.0);
                                              //计算划分数据集的特征值的熵
24            conditionEnt += splitDataListEnt;
25            featureEnt += featureEntForOne;
26        }
27        double infoGainRatio = (ent - conditionEnt) / featureEnt;
                                                          //计算信息增益比
28        return infoGainRatio;
29    }
30
31    /**
32     * 选择最优划分特征
33     * @param tempDataList 临时数据集
34     * @return bestFeature 最佳特征索引
35     */
36    public int selectBestFeature(ArrayList<Example> tempDataList) {
37        int featureCount = tempDataList.get(0).getFeatureList().size();
                                                              //特征个数
```

```
38          double infoGainRatioMax = 0;        //最大信息增益比
39          int bestFeature = -1;               //划分方式的特征索引
40
41          for (int i = 0; i < featureCount; i++){
42              double infoGainRatio = getInfoGainRatio(tempDataList, i);
43              if (infoGainRatioMax < infoGainRatio) {
44                  infoGainRatioMax = infoGainRatio;
45                  bestFeature = i;
46              }
47          }
48          return bestFeature;
49      }
```

在 DecisionTree 类中,最主要的函数是递归生成决策树,具体如下。

```
1       /**
2        * 构造决策树
3        * @param node 树节点
4        */
5       public void creatTree(Node node) {
6           //选择最优划分特征
7           int bestFeature = selectBestFeature(node.getDataList());
8
9           //当前节点中包含的样本完全属于同一类别,无须划分(递归返回出口 1)
10          if (judgeWholeCnt(node)){
11              String type = node.getDataList().get(0).getFeatureIndex();
12              node.setType(type);
13              return;
14          }
15          //当前特征集合为空,无法划分(递归返回出口 2)
16          if (judgeFeatureUsed(node)){
17              String type = majorityVote(node.getDataList());
                //取样本数最多的类别
18              node.setType(type);
19              return;
20          }
```

```
21        //当前节点包含的样本集合为空,不能划分,此时不会生成新的节点(递归返
          //回出口 3)
22        if (node.getDataList().size() == 0) {
23            return;
24        }
25
26        //递归构造决策树,更新节点的孩子列表
27        else {
28            ArrayList<Node> childrenList = new ArrayList<Node>();
              //创建孩子列表
29
30            //获取最佳划分方式的特征取值
31            Map<String, Integer> featureKeyMap = getFeatureKeyMap(
32                    node.getDataList(), bestFeature);
33            Iterator<String> it = featureKeyMap.keySet().iterator();
34            while (it.hasNext()) {
35                String featureName = it.next();
36                ArrayList<Example> dataList = getSplitDataList(
37                        node.getDataList(), bestFeature, featureName);
38
39                //删除用过的属性,用"null"替代
40                for (int i = 0; i < dataList.size(); i++){
41                    ArrayList<String> xList = dataList.get(i).
                      getFeatureList();
42                    xList.set(bestFeature, "null");
43                }
44                Node childTree = new Node(featureName, bestFeature,
                  dataList);
45
46                //递归
47                creatTree(childTree);
48                childrenList.add(childTree);
49            }
50            node.setChildrenList(childrenList);
51        }
52    }
```

决策树构造完成后,对新给出的样本数据进行测试并判别分类,具体如下。

```
1    /**
2     * 判断一条测试数据的类别
3     * @param data 一条测试数据
4     * @param node 树节点
5     * @return String 数据类别
6     */
7    public String judgeType(Example data, Node node) {
8        //如果是叶子节点,则返回叶子节点类别并返回
9        if (node.getType() != null){
10           return node.getType();
11       }
12       //遍历节点的孩子列表,找到对应特征以及对应的值
13       else {
14           ArrayList<String> featureList = data.getFeatureList();
15           ArrayList<Node> childrenList = node.getChildrenList();
16           for (int i = 0; i < childrenList.size(); i++){
17               Node childNode = childrenList.get(i);
18               int featureIndex = childNode.getFeatureIndex();
19               String featureName = childNode.getFeatureName();
20               if (featureList.get(featureIndex).equals(featureName)){
21                   return judgeType(data, childNode);
22               }
23           }
24       }
25       return null;
26   }
```

3.3 实验数据

我们的实验数据选自 UCI 数据库(网址链接:http://archive.ics.uci.edu/ml/),数据集 nursery.data 是一个幼儿园数据集(数据下载地址:http://archive.ics.uci.

edu/ml/machine-learning-databases/nursery/nursery. data)。该数据集包含 12 960 个入学儿童的自身及家庭状况以及是否推荐他们入学，其具体统计信息如表 3-2 所示。

表 3-2 数据集统计信息

数 据 集	统 计 信 息
parents	usual，pretentious，great_pret
has_nurs	proper，less_proper，improper，critical，very_crit
form	complete，completed，incomplete，foster
children	1，2，3，more
housing	convenient，less_conv，critical
finance	convenient，inconv
social	non-prob，slightly_prob，problematic
health	recommended，priority，not_recom
5 classes	not_recom，recommend，very_recom，priority，spec_prior

3.4 实验结果

3.4.1 结果展示

使用以上数据集对 C4.5 算法进行测试，抽取的训练数据集和测试数据集的比例为 7∶3，运行结果如表 3-3 所示。

表 3-3 测试结果

测 试 项	测 试 结 果
生成决策树(部分)	{7—priority—>{1—critical—>{0—usual—>{4—less_conv—>{3—3—>:spec_prior}{3—2—>{2—complete—>:priority}{2—foster—>:spec_prior}{2—completed—>:priority}……{3—more—>:spec_prior}}{5—convenient—>:priority}}}}}}{7—not_recom—>:not_recom}

续表

测 试 项	测 试 结 果
测试正确率	0.974 022 633 744 856
运行时间	546ms

3.4.2 结果分析

观察上述数据集的实验结果可以发现，通过决策树构建的分类规则直观且易于理解，程序运行时间较短且正确率较高，较好地表现出 C4.5 算法计算速度快、准确性较高的特点。

然而在有噪声的情况下，C4.5 算法会对训练数据完全拟合，产生过拟合现象。对训练数据的完全拟合反而不具有很好的预测性能，会降低对测试数据的分类准确性。为了克服过拟合问题，决策树的剪枝是解决该问题的主要手段。

第4章

SVM

4.1 SVM算法原理

首先来讨论两个问题：①SVM 的形。如果存在两个线性可分的簇，怎么使划分更精确？用最能代表交界的几个样本来替代。②SVM 的神。对于线性不可分的样本(例如各种系统的非线性)，与其考虑如何选一个合适的数学模型来去区分，不如找一个合适的方法来对数据本身进行变换，使其在一定程度上能线性可分。

4.1.1 算法引入

在使用线性分类器对同样的数据集进行分类时，观察图 4-1 中的两种方法，哪一种效果更优？

更符合人们理解的是图 4-1(b)的方法，因为它看上去是从○和×两个类别的“最中间”分开的，这在处理一些更困难问题的时候表现会更好，例如对图 4-2 中新输入的分类：新的输入明显更偏向于×，但是图 4-2(a)给出了错误的分类结果，这表明图 4-2(b)的方法更健壮，因为它使离分割线最近的点到分割线的距离最远，如图 4-3 所示。

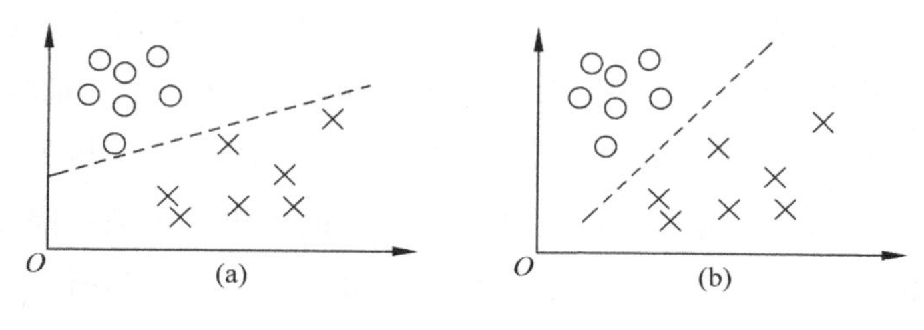

图 4-1 线性分类器的不同方法

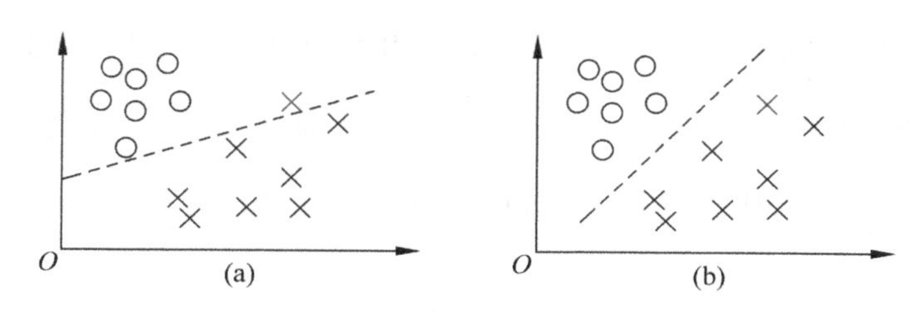

图 4-2 增加新输入的分类器效果对比

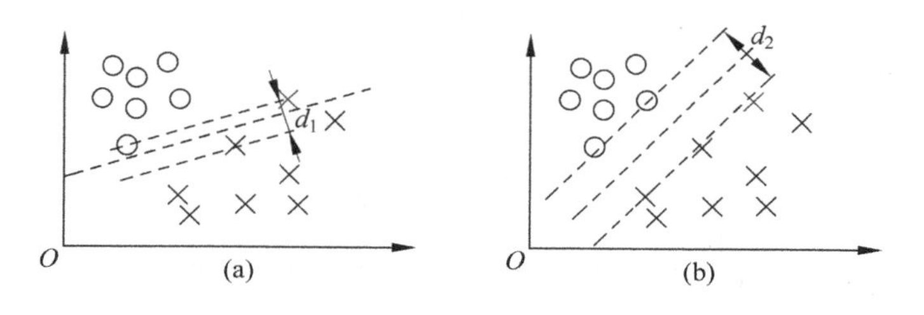

图 4-3 线性分类器的几何间隔

其中，d_2 大于任何其他方法找到的 d_1。也就是说，最佳的线性分类器就是能够满足上述条件，即“离分割线最近的点到分割线的距离最大”。这样做的好处有很多，如分割线由极少数的几个点决定；离分割线越远分类的准确性越高；给模糊的点留下了最大的空间(也就是图中虚线之间部分的面积最大)，在这段空间之内两种分类各占一半，容错率更高。

4.1.2 科学问题

现在将 4.1.1 节的问题形式化。如图 4-4 所示，将两种类型标记为正负两种样本，其中，○为 $+1$，×为 -1，用 $f(x)=w^{\mathrm{T}}x+b=0$ 表示分割超平面(上文中的分割

线，其总是比当前坐标轴少一个维度），使超平面正样本一侧所有的点满足 $f(x)=w^{\mathrm{T}}\cdot x+b\geqslant 1$，负样本一侧所有的点满足 $f(x)=w^{\mathrm{T}}\cdot x+b\leqslant -1$，最终任何一侧的点都满足 $y_i(w^{\mathrm{T}}x_i+b)\geqslant 1$。我们的目的就是确定这里面的参数 w 和 b。距离超平面最近的点称为支持向量，超平面是仅由支持向量确定的。定义函数间隔 $\hat{\gamma}=y(w^{\mathrm{T}}x+b)$ 为优化对象，目的是使支持向量对应的函数间隔最大化。但是这样是有问题的，如果等比例地放大或缩小 w 和 b，函数间隔变为原来的两倍，但是分割超平面 $f(x)=2w^{\mathrm{T}}x+2b=0$ 并没有变，因此在此基础上定义几何间隔 $\gamma=\frac{\hat{\gamma}}{\|w\|}$，且固定函数间隔 $\hat{\gamma}=1$（即支持向量的 $f(x)=w^{\mathrm{T}}x+b$ 函数值为 1 或 -1），则几何间隔 $\gamma=\frac{|y(w^{\mathrm{T}}x+b)|}{\|w\|}=\frac{1}{\|w\|}$，代表支持向量到分割超平面的距离。

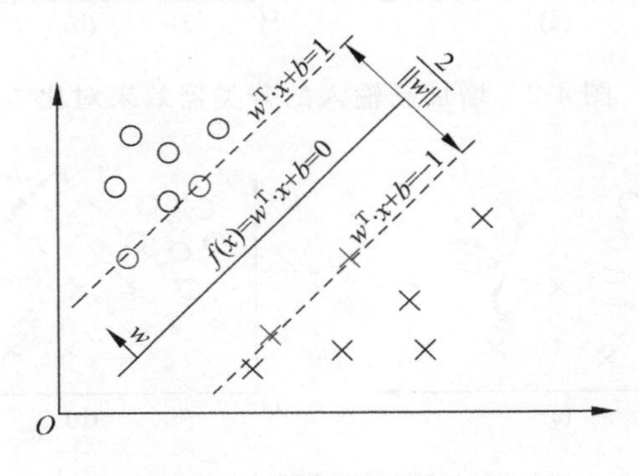

图 4-4　几何间隔最大化

现在我们的目标是使几何间隔最大化，即：

$$\max\gamma,\quad \text{s.t.},\quad y(w^{\mathrm{T}}x+b)\geqslant 1 \tag{4-1}$$

4.1.3　算法流程

1. 优化问题

下面将上述的科学问题转换为等价的优化问题。由于 $\gamma=\frac{1}{\|w\|}$ 且 $\|w\|>0$，因此：

$$\max \frac{1}{\| w \|} = \min \frac{1}{2} \| w \|^2$$

所以寻找分割超平面的问题变为一个优化问题：

$$\min \frac{1}{2} \| w \|^2, \quad \text{s.t.}, \quad y_i(w^{\mathrm{T}} x_i + b) \geqslant 1 \tag{4-2}$$

此处引入经典的拉格朗日算子法，上述输入等价于：

$$L(w,b,\alpha) = \frac{1}{2} \| w \|^2 - \sum_{i=1}^{m} \alpha_i [y_i(w^{\mathrm{T}} x_i + b) - 1], \quad \alpha_i \geqslant 0 \tag{4-3}$$

这个方法可以有效地约束每个点。令 $\theta(w) = \max\limits_{\alpha_i \geqslant 0} L(w,b,\alpha)$，要想最大化 L，$y_i(w^{\mathrm{T}} x_i + b) - 1$ 的正负是关键：假设存在某个点 $y_i(w^{\mathrm{T}} x_i + b) < 1$，则 $\theta(w) = \infty$，无意义，因此这个式子中每个点都必须满足大于等于 1，其中又要使支持向量保证 $y_i(w^{\mathrm{T}} x_i + b) = 1$，$\alpha_i > 0$；非支持向量 $y_i(w^{\mathrm{T}} x_i + b) > 1$，$\alpha_i = 0$，这样就实现了影响分割超平面的仅是支持向量。当所有点都满足时，$\theta(w) = \frac{1}{2} \| w \|^2$，所以 $\min \frac{1}{2} \| w \|^2 = \min\theta(w)$。我们的目的是求解 w 和 b，因此目标函数变成了：

$$\min_{w,b} \frac{1}{2} \| w \|^2 = \min_{w,b} \theta(w) = \min_{w,b} \max_{\alpha_i \geqslant 0} L(w,b,\alpha) \tag{4-4}$$

设 $\min\limits_{w,b} \theta(w) = \min\limits_{w,b} \max\limits_{\alpha_i \geqslant 0} L(w,b,\alpha) = p^*$，这是一个先求最大值再求最小值的问题，设它的对偶问题为 $\max\limits_{\alpha} \min\limits_{w,b} L(w,b,\alpha) = d^*$，是先求最小值再求最大值，所以必然有：$d^* \leqslant p^*$。而通常，在满足 KKT 条件时，有 $d^* = p^*$。下面对这个对偶问题进行求解。

先固定 α，即将 α 作为已知数，求 L 对 w 的极小值，即分别求偏导：

$$\frac{\partial L}{\partial w} = 0 \Rightarrow w = \sum_{i=1}^{m} \alpha_i y_i x_i$$

$$\frac{\partial L}{\partial b} = 0 \Rightarrow \sum_{i=1}^{m} \alpha_i y_i = 0$$

其中，m 为样本个数，将上式代入原 $L(w,b,\alpha)$ 得：

$$\begin{aligned} L(w,b,\alpha) &= \frac{1}{2} \sum_{i=1}^{m} \sum_{j=1}^{m} \alpha_i \alpha_j y_i y_j x_i^{\mathrm{T}} x_j - \sum_{i=1}^{m} \sum_{j=1}^{m} \alpha_i \alpha_j y_i y_j x_i^{\mathrm{T}} x_j - b \sum_{i=1}^{m} \alpha_i y_i + \sum_{i=1}^{m} \alpha_i \\ &= \sum_{i=1}^{m} \alpha_i - \frac{1}{2} \sum_{i=1}^{m} \sum_{j=1}^{m} \alpha_i \alpha_j y_i y_j \langle x_i, x_j \rangle \end{aligned}$$

其中，$<x_i, x_j>$ 代表内积。此时已经没有了 w 和 b，只要求出 α_i 可得：

$$w = \sum_{i=1}^{m} \alpha_i y_i x_i$$

$$b = y_i - w^{\mathrm{T}} x_i, \quad \text{for some} \quad \alpha_i > 0 \tag{4-5}$$

综上,优化问题变成了:

$$\max_{\alpha} \sum_{i=1}^{m} \alpha_i - \frac{1}{2} \sum \sum \alpha_i \alpha_j y_i y_j < x_i, x_j >$$

$$\text{s.t.}, \quad \alpha_i \geqslant 0, \quad i = 1,2,3,\cdots,m, \quad \sum \alpha_i y_i = 0 \tag{4-6}$$

以上的推导都是假设数据集是线性可分的。当数据存在噪声点(outliner)时,需要加入松弛变量,用来控制寻找几何间隔最大超平面,与保证数据点偏差最小之间的权重,如图 4-5 所示。

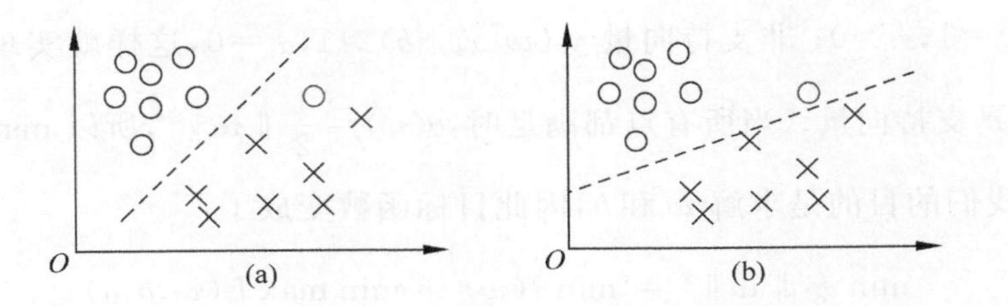

图 4-5 加入松弛变量的分类器

这是因为,有时候输入的数据就是有错的,原本在$+1$方向的点被标记成了-1,导致找不到一个超平面来分割数据集,或者这样分的代价太大了。outliner 也会影响分割超平面,因此也是支持向量。考虑 outliner 后约束条件为 $y_i(w^{\mathrm{T}} w_i + b) \geqslant 1 - \zeta_i$,其中,$\zeta_i$ 为松弛变量,这样做的目的是保证当 ζ_i 足够大时,那么任何错误的点都可以满足不等式 $y_i(w^{\mathrm{T}} w_i + b) \geqslant 1 - \zeta_i$。引入参数 C,用来控制“寻找 margin 最大的超平面,且保证每个数据点偏差最小”的权重,是需要手动输入的参数,而 ζ_i 需要优化。现在目标函数为:

$$\min\left(\frac{1}{2} \| w \|^2 + C \sum_{i}^{m} \zeta_i\right),$$

$$\text{s.t.}, \quad y_i(w^{\mathrm{T}} x_i + b) \geqslant 1 - \zeta_i, \quad \zeta_i \geqslant 0 \tag{4-7}$$

重新写出拉格朗日算子:

$$L(w,b,\zeta,\alpha,r)=\frac{1}{2}\|w\|^2+C\sum_{i=1}^{m}\zeta_i-\sum_{i=1}^{m}\alpha_i[y_i(w^{\mathrm{T}}x_i+b)-1+\zeta_i]-\sum_{i=1}^{m}r_i\zeta_i \tag{4-8}$$

将其对 w,b,ζ 求导，得：

$$\begin{aligned}&\frac{\partial L}{\partial w}=0\Rightarrow w=\sum\alpha_iy_ix_i\\&\frac{\partial L}{\partial b}=0\Rightarrow\sum\alpha_iy_i=0\\&\frac{\partial L}{\partial\zeta}=0\Rightarrow C=\alpha_i+r_i\end{aligned} \tag{4-9}$$

可以发现，此时已经没有 ζ，说明它并不影响最终的结果。因此，加入 C 之后优化问题为：

$$\begin{aligned}&\max_{\alpha}\sum_{i=1}^{m}\alpha_i-\frac{1}{2}\sum\sum\alpha_i\alpha_jy_iy_j<x_i,x_j>\\&\text{s.t.,}\quad 0\leqslant\alpha_i\leqslant C,\quad\sum\alpha_iy_i=0\end{aligned} \tag{4-10}$$

当求得 α，分割超平面中的参数也可以得到。到目前为止，已经顺利地将科学问题转换为一个优化问题。但是，它并不是可以直接在计算机中运行的程序。下面介绍解决 SVM 中优化问题的经典算法——Sequential Minimal Optimization (SMO)。

2. SMO 算法

定义输出函数 $u=\vec{w}\cdot\vec{x}-b$（等价于 $f(x)=w^{\mathrm{T}}x+b$），优化问题的解为：

$$\begin{aligned}&\vec{w}=\sum y_i\alpha_ix_i\\&b=\vec{w}\cdot\vec{x}_k-y_k,\quad\text{for some}\quad C>\alpha_k>0\end{aligned} \tag{4-11}$$

代入得 $u_i=\sum_{i=1}^{m}y_i\alpha_jk(x_i,x_j)-b$，引入对偶因子，加入松弛变量得：

$$\begin{aligned}&\min_{\alpha}\psi(\alpha)=\min_{\alpha}\frac{1}{2}\sum\sum\alpha_i\alpha_jy_iy_jk(x_i,x_j)-\sum\alpha_i\\&\text{s.t.,}\quad 0\leqslant\alpha\leqslant C,\quad\sum y_i\alpha_i=0\end{aligned} \tag{4-12}$$

4.1.2 节讲过，对于非支持向量，满足 $y_iu_i\geqslant1$，则不影响结果，因此 $\alpha_i=0$；对于支持向量，$y_iu_i=1$，会影响结果，则 $0<\alpha<C$；对于 outliner，$y_iu_i\leqslant1$，会影响结果但是

不能太大,则 $\alpha_i=C$。上面三个条件为KKT条件,即优化过程中需要满足的条件。

1) α 的更新规则

在满足这些条件的情况下更新这个参数,使目标函数最小化的算法即为SMO算法。该算法在约束条件下更新 α。由于有约束 $\sum\alpha_i y_i=0$,因此每次更新两个 α,固定其他,使:

$$\alpha_1^{\text{new}} y_1+\alpha_2^{\text{new}} y_2=\alpha_1^{\text{old}} y_1+\alpha_2^{\text{old}} y_2=-\sum_{i=3}^{m}\alpha_i y_i=\text{static} \tag{4-13}$$

利用 $\alpha_1 y_1+\alpha_2 y_2=\text{static}$ 可以消去 α_1,得到关于单变量 α_2 的一个二次凸优化问题,在不考虑 $0\leqslant\alpha_2\leqslant C$ 的情况下有:

$$\alpha_2^{\text{new}}=\alpha_2^{\text{old}}+\frac{y_j(E_i-E_j)}{\eta} \tag{4-14}$$

其中,$E_i=u_i-y_i$,$\eta=k(x_i,x_i)+k(x_j,x_j)-2k(x_i,x_j)$,考虑到 $0\leqslant\alpha_2\leqslant C$,结果为:

$$\alpha_2^{\text{new}}=\begin{cases}H, & \alpha_2^{\text{new}}\geqslant H\\ \alpha_2^{\text{new}} & \\ L, & \alpha_2^{\text{new}}\leqslant L\end{cases}$$

$$\alpha_1^{\text{new}}=\alpha_1^{\text{old}}+y_i y_j(\alpha_2^{\text{old}}-\alpha_2^{\text{new}}) \tag{4-15}$$

理论上,这里的 α_1 和 α_2 可以随机选取,但是为了提高收敛速度,可以通过以下办法找到。

(1) 对于 α_1,遍历所有 α,找到不满足KKT条件的任意一个 α;

(2) 对于 α_2,通过找到 $\max|E_i-E_j|$ 的 j 来得到。

2) b 的更新规则

当 α_1 满足KKT条件时,$y_1(w^{\mathrm{T}}x_1+b)=1$,即 $\sum\alpha_i y_i k_{i1}+b=y_1$,又 $E_1=u_1-y_1=\sum_{i=1}^{m}\alpha_i y_i k_{i1}-b-y_1$,于是

$$\begin{aligned}b_1^{\text{new}}&=y_1-\sum_{i=1}^{m}\alpha_i^{\text{new}} y_i k(x_i,x_1)\\&=y_1-\sum_{i=3}^{m}\alpha_i y_i k(x_i,x_1)-\alpha_1^{\text{new}} y_1 k(x_1,x_1)-\alpha_2^{\text{new}} y_2 k(x_1,x_2)\end{aligned}$$

由于:

$$\begin{aligned}E_1 &= u_1 - y_1\\ &= \sum_{1}^{m}\alpha_i y_i k(x_1, x_i) - b^{\text{old}} - y_1\\ &= \sum_{i=3}^{m}\alpha_i y_i k(x_1, x_i) + \alpha_1^{\text{old}} y_i k(x_1, x_1) + \alpha_2^{\text{old}} y_i k(x_1, x_2) - b^{\text{old}} - y_1\end{aligned}$$

所以：

$$\begin{aligned}&y_1 - \sum_{i=3}^{m}\alpha_i y_i k(x_1, x_i)\\ &= b^{\text{old}} - E_1 + \alpha_1^{\text{old}} y_i k(x_1, x_1) + \alpha_2^{\text{old}} y_i k(x_1, x_2)\end{aligned} \tag{4-16}$$

所以上式写成：

$$b^{\text{new}} = b^{\text{old}} - E_1 - y_1 k(x_1, x_1)(\alpha_1^{\text{new}} - \alpha_1^{\text{old}}) - y_2 k(x_1, x_2)(\alpha_2^{\text{new}} - \alpha_2^{\text{old}})$$

因此，b 的更新规则为：

$$b_{\text{temp1}} = b - E_1 - y_1(\alpha_1^{\text{new}} - \alpha_1^{\text{old}})k(x_1, x_1) - y_2(\alpha_2^{\text{new}} - \alpha_2^{\text{old}})k(x_1, x_2)$$

$$b_{\text{temp2}} = b - E_2 - y_1(\alpha_1^{\text{new}} - \alpha_1^{\text{old}})k(x_1, x_1) - y_2(\alpha_2^{\text{new}} - \alpha_2^{\text{old}})k(x_1, x_2)$$

$$b^{\text{new}} = \begin{cases} b_{\text{temp1}}, & 0 < \alpha_i < C \\ b_{\text{temp2}}, & 0 < \alpha_2 < C \\ \dfrac{(b_{\text{temp1}} + b_{\text{temp2}})}{2}, & \text{otherwise} \end{cases} \tag{4-17}$$

4.1.4 算法描述

下面给出算法伪代码。

算法 4-1 SMO 算法。

输入：训练数据集合 $D=\{(x_1, y_1), (x_2, y_2), \cdots, (x_m, y_m)\}$，参数 C

初始化参数集合 $\alpha_i=0, b=0$，其中，$i=1,2,3,\cdots,m$

过程：

1： 定义布尔变量 flag 表示是否遍历整个数据集；定义 int 型变量 countChange 记录每次循环后改变的 α 对；定义 int 型变量 max 表示最大迭代次数。

2： **while** 循环次数小于 max，且（countChange 大于 0 或 flag 为真）**do**

3： **if** flag 为真 **then**

4： **for** 每一个 α_i **do**

5： $F(1)^*$：寻找最适合与 α_i 一起更新的 α_j 并同时更新 α_i, α_j, b；如果有 α 对的更新，则 countChange 自增 1

6： **end for**

7： **else**

8： 找到所有不等于 0 和 C 的集合 $\{\alpha_i\}$

9： **for** 每一个 α_i **do**

10： $F(1)^*$：寻找最适合与 α_i 一起更新的 α_j 并同时更新 α_i, α_j, b；如果有 α 对的更新，则 countChange 自增 1

11： **end for**

12： **end if**

13： **if** flag **do** flag：＝false

14： **else if** countChange 为 0 **do** flag：＝true

15： **end if**

16： **end while**

17： **return**

输出：训练好的参数集合 α_i, b

上述算法过程中涉及一个内循环算法 $F(1)$，即在已知需要更新的 α_i 的情况下找到最适合与它一起更新的 α_j，并同时更新 α_i, α_j 和 b。$F(1)$的伪代码如下。

算法 4-2 $F(1)$。

输入：训练数据集合 $D=\{(\boldsymbol{x}_1, y_1), (\boldsymbol{x}_2, y_2), \cdots, (\boldsymbol{x}_m, y_m)\}, \alpha_i$

过程：

1： 计算 $E_i = u_i - y_i = w^{\mathrm{T}} x_i - b - y_i$

2： **if** α_i不满足 KKT 条件 **then**

3： 找到使 $|E_i - E_j|$ 最大的 α_j

4： **if** $y_i = y_j$ **then**

5： $L = \max(0, \alpha_j - \alpha_i)$； $H = \min(C, C + \alpha_j - \alpha_i)$

6： **else**

7： $L = \max(0, \alpha_j + \alpha_i - C)$； $H = \min(C, \alpha_i + \alpha_j)$

8： **end if**

9： **if** $L == H$ **then return** 0 **end if**

10： $\eta = 2 < x_i, x_j > - < x_i, x_i > - < x_j, x_j >$

11： **if** $\eta > 0$ **then return** 0 **end if**

12： 更新 $\alpha_j^{\text{new}} := \alpha_j^{\text{old}} - \frac{y_i(E_i - E_j)}{\eta}$ 且 $\alpha_j \in [L, H]$

13： **if** $|\alpha_j^{\text{new}} - \alpha_j^{\text{old}}| \approx 0$ **then return** 0 **end if**

14： $\alpha_i^{\text{new}} = \alpha_i^{\text{old}} + \frac{y_i y_j}{\alpha_j^{\text{old}} - \alpha_j^{\text{new}}}$

15： $b_1 = b^{\text{old}} - E_i - y_i(\alpha_i^{\text{new}} - \alpha_i^{\text{old}}) < x_i, x_j > - y_j(\alpha_j^{\text{new}} - \alpha_j^{\text{old}}) < x_i, x_j >$；

16： $b_2 = b^{\text{old}} - E_j - y_i(\alpha_i^{\text{new}} - \alpha_i^{\text{old}}) < x_i, x_j > - y_j(\alpha_j^{\text{new}} - \alpha_j^{\text{old}}) < x_j, x_j >$

17： **if** $y_i > 0$ 且 $\alpha_i < C$ **then** $b^{\text{new}} = b_1$

18： **else if** $y_j > 0$ 且 $\alpha_j < C$ **then** $b^{\text{new}} = b_2$

19： **else** $b^{\text{new}} = \frac{b_1 + b_2}{2}$

20： **end if**

21： **return** 1

22： **else return** 0

23： **end if**

输出：如果成功更新，返回 1；否则返回 0。

4.1.5 补充说明

总的来说，SVM 本质上是一个分类方法，用分割超平面 $f(x) = w^{\text{T}} \cdot x + b$ 定义

分类函数。于是求 w,b 代表的最大间隔，引出 $\frac{1}{2}\|w\|^2$，继而引出拉格朗日因子，化为对拉格朗日乘子 α 的求解，求解 w、b 与求解 α 等价。最后，利用 SMO 算法在训练集中学习 α，学习的目的是优化不满足 KKT 条件的 α。另外，核函数的作用是为处理非线性的情况，如果直接映射到高维，会导致维度爆炸，因此引入核函数，使在低维的运算中得到高维的等效效果。下面简要介绍一下核函数，然后补充一些对 SVM 算法的证明。

1. 核函数

以上伪代码中，x_i 都是成对出现的，且都伴随着 $<x_i \cdot x_j>$ 这样的内积运算，这是 SVM 算法一个比较巧妙的地方，它使得任何与 x 有关的运算都是线性复杂度的，因此，当 x 的属性个数增长比较快的情况下，算法的时间复杂度始终是线性的，理论上，SVM 算法可以处理 x 的属性为无限个的情况。

当输入数据本来就是线性不可分的情况下，有时候希望用一条曲线来对数据集进行划分。

如图 4-6 所示，分割超平面更接近一条椭圆线，因此圆锥曲线公式更适合，即 $a_1x_1+a_2x_1^2+a_3x_2+a_4x_2^2+a_5x_1x_2+a_6=0$，这时构造二维到五维空间的一个映射 $\phi(x)$：

$$Z_1 = x_1$$

$$Z_2 = x_1^2$$

$$Z_3 = x_2$$

$$Z_4 = x_2^2$$

$$Z_5 = x_1x_2$$

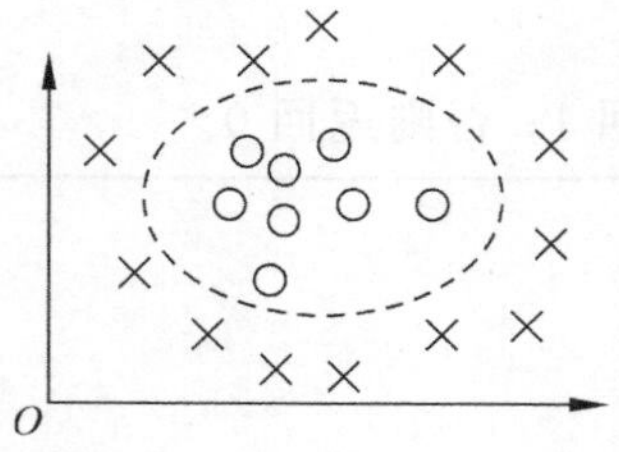

图 4-6　非线性分类器

这样新的公式为：$\sum_{i=1}^{5} a_i Z_i + a_6 = 0$。也就是说，低维空间的任何曲线均可以映射到高维空间中的直线。因此，解决 SVM 算法中非线性分割的问题，理论上，可以通过穷举所有可能的映射，再对映射的结果进行内积运算。但是，穷举所有的映射方式很可能造成维度爆炸。例如，当属性个数为 2 的时候，映射有 5 个维度；当属性个数为 3 的时候，映射就有 19 个维度。

另一方面，在 SVM 算法中，如前所述，所有的 x_i 都是以 $<x_i, x_j>$ 内积的形式存在的，即属性进行映射之后均存在内积运算，而所有映射之后的内积运算均可以找到等价的内积之后再映射的结果。例如：$x_1=(\eta_1, \eta_2)$，$x_2=(\xi_1, \xi_2)$，通过前面的二阶映射 $\phi(.)$ 得到结果 $\phi(x_1)=(\eta_1, \eta_1^2, \eta_2, \eta_2^2, \eta_1\eta_2, 1)$，$\phi(x_2)=(\xi_1, \xi_1^2, \xi_2, \xi_2^2, \xi_1\xi_2, 1)$，则映射之后再进行内积运算，结果为 $<\phi(x_1), \phi(x_2)>=\eta_1\xi_1+\eta_1^2\xi_1^2+\eta_2\xi_2+\eta_2^2\xi_2^2+\eta_1\eta_2\xi_1\xi_2+1$。因此，内积之后的映射 $(<x_1, x_2>+1)^2=2\eta_1\xi_1+\eta_1^2\xi_1^2+2\eta_2\xi_2+\eta_2^2\xi_2^2+2\eta_1\eta_2\xi_1\xi_2+1$ 可以等价为先进行另一个映射 $\varphi(x_1, x_2)=(\sqrt{2}x_1, x_1^2, \sqrt{2}x_2, x_2^2, \sqrt{2}x_1x_2, 1)$ 之后再求内积。

由此可见，当两个 x 同时出现的时候，先内积再映射，可以找到等价的先映射再内积的过程，它们的区别在于一个是先映射到高维空间，再在高维空间中求内积；另一个先在低维空间中计算好内积，不用显式地写出映射公式，因此就不存在维度爆炸的问题。

将两个向量在隐式映射过后再进行内积计算的函数叫作核函数，例如上面的 $k(x_1, x_2)=(<x_1, x_2>+1)^2$ 就可以视为一个核函数。而恰好在 SVM 中需要计算向量 x 的地方都是以两个向量内积的形式出现，所以，只要找到合适的核函数，就可以完美地解决 SVM 中非线性分割超平面的问题。

综上所述，在 SVM 中，核函数是为了解决非线性分类问题同时避免直接在高维空间中进行复杂计算的一种数学工具，在实际使用的时候只要用合适的核函数替换原来的向量内积即可。常见的核函数有多项式核函数、高斯核函数。多项式核函数为：$k(x_1, x_2)=(1+x^{\mathrm{T}}x)^P$。高斯核函数的表达式为：

$$k(x_1, x_2) = \exp\left(-\frac{\| x_1 - x_2 \|^2}{2\sigma^2}\right)$$

其中，σ 越大，则高次特征权重下降越快。如果 σ 过大，高次特征权重过低，则近似低维子空间；如果σ过小，则可映射到无限维，导致过拟合问题。

2. Mercer 定理

如果函数 K 是 $R^n \times R^n \rightarrow R$ 上的映射（也就是从两个 n 维向量映射到实数域），那么如果 K 是一个有效核函数（也称为 Mercer 核函数），当且仅当对于训练样本 $X=\{x_1,x_2,\cdots,x_m\}$，其相应的核函数矩阵是对称半正定的。

3. Novikoff 定理

原理：如果分类超平面存在，仅需在序列 S 上迭代几次，在界为 $\left(\frac{2R}{\gamma}\right)^2$ 的错误次数下就可以找到分类超平面，算法停止。其中 $R=\max_{1\leqslant i\leqslant l}\|x_i\|$，$\gamma$ 为扩充间隔。根据误分次数公式可知，迭代次数与对应于扩充（包括偏置）权重的训练集的间隔有关。

简单地说，Novikoff 定理就是确保 SVM 算法中的参数经过有限次的迭代是可以收敛的，可以找到分割超平面而不至于无穷循环下去。

4.2 SVM 算法实现

本节展示了算法实现的流程图和核心类。如图 4-7 所示，是算法实现的流程，包含算法实现的类和函数。

4.2.1 简介

代码由两个包组成，分别是 model 和 algorithm。其中，model 包中有一个类 SMOStruct.java，它是用来存储 SMO 算法运行过程中各种参数、输入、输出和中间值的类；algorithm 包中有一个类 SMO.java，这个类是实际的 SMO 代码类，包括前面伪代码中的 SMO 主函数，内循环 F(1)函数以及其他的辅助函数。

类名称及其描述如表 4-1 所示。

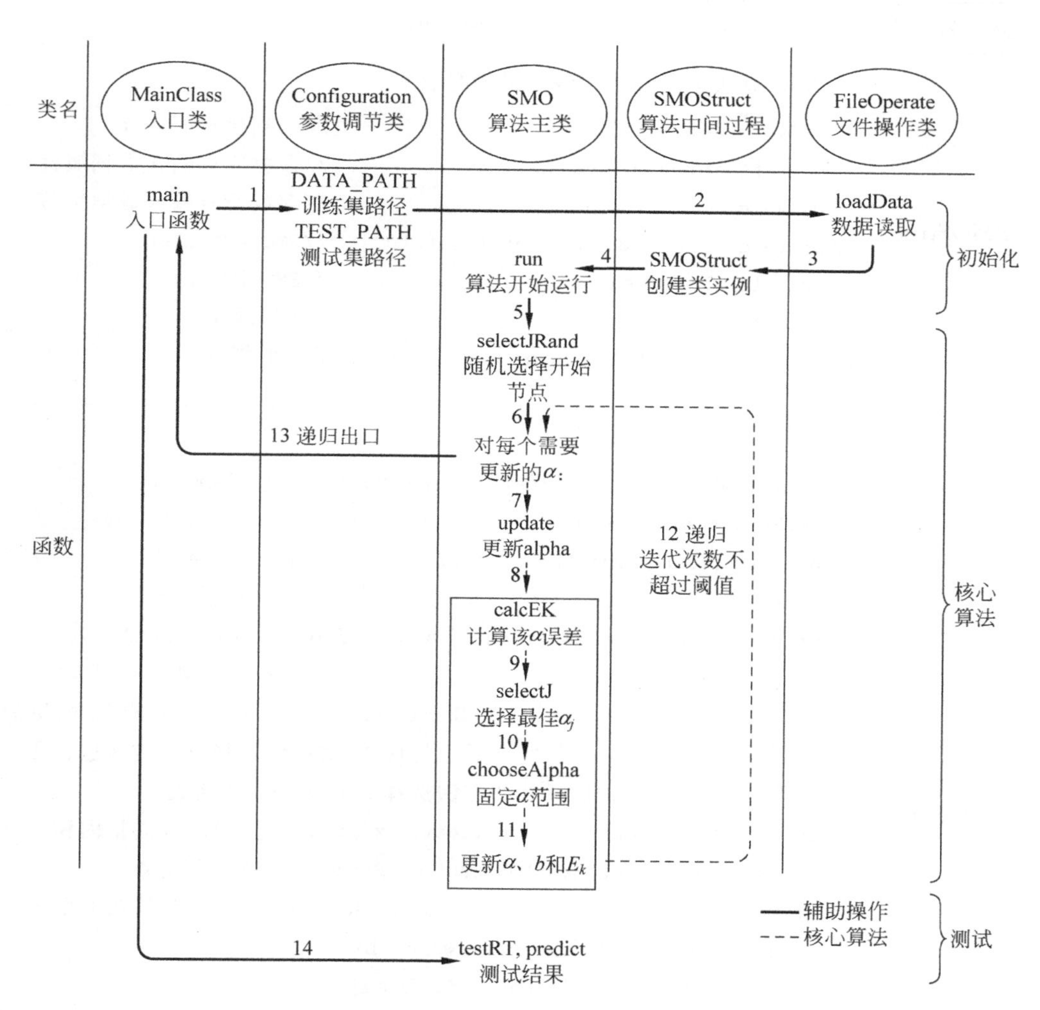
类名
MainClass
入口类
Configuration
参数调节类
SMO
算法主类
SMOStruct
算法中间过程
FileOperate
文件操作类
函数
main
入口函数
1
DATA_PATH
训练集路径
TEST_PATH
测试集路径
2
loadData
数据读取
3
SMOStruct
创建类实例
4
run
算法开始运行
5
selectJRand
随机选择开始节点
6
对每个需要更新的α:
7
update
更新alpha
8
calcEK
计算该α误差
9
selectJ
选择最佳α_j
10
chooseAlpha
固定α范围
11
更新α、b和E_k
12 递归
迭代次数不超过阈值
13 递归出口
14
testRT, predict
测试结果
初始化
核心算法
测试
辅助操作
核心算法

图 4-7 算法设计流程图

表 4-1 类名称及其描述

类 名 称	类 描 述

SMOStruct	SMO 算法运算过程中各变量的存放
	private float[ ] W; //分割超平面的 w
	private float[ ][ ] dataMatIn; //存放所有输入数据属性
	private int[ ] labels; //存放所有输入数据标签
	private float[ ] alphas = **new**float[100]; //SMO 中的 alpha
	private float b = 0; //SMO 中的 b
	private int m; //数据长度
	private float[ ][ ] eCache; //E 的缓存

SMO	SMO 算法的执行过程
	public SMOStruct run(float[ ][ ] dataMatIn, int[ ] labels,
	SMOStruct smoStruct) //SMO 算法过程
	private float predictFunction(float[ ] Ws, float[ ] dataMat,
	float b) //预测函数
	private float[ ] calcWs(float[ ] alphas, float[ ][ ] dataMatIn,
	int[ ] labels) //计算 W
	private int update(int i, SMOStruct oS) //如果 α 对有改变,则返
	//回 1,否则返回 0,这样便于后面的计数.对已经选择好了的 i 进行更
	//新,这里要用一种启发式的方法选择 J,即 selectJ 函数
	private float innerProduct(float[ ] xi, float[ ] xj)//求向量内积
	private void updateEk(SMOStruct optStruct, int k) //更新 E
	private float calcEk(SMOStruct optStruct, int k) //计算第 k 个 X
	//的估计值,也就是计算 label(wX_k + b)
	private float kernel(float[ ] Xi, float[ ] Xj)
	//核函数,可用向量内积代替
	private JAndEj selectJ(int i, SMOStruct optStruct, float Ei)
	//SMO 算法中选择最佳的 α 的启发式方法,即选择使 Ei - Ej(即步长)最
	//大的
	private int selectJrand(int i, int m) //算法开始,随机选择 J

4.2.2 核心代码

下面详细介绍 SMO.java 类中重要的代码。

(1) SMO 算法过程类：run()。

```
1     public SMOStruct run(float[][] dataMatIn, int[] labels, SMOStruct
      smoStruct)//SMO 算法过程
2     {
3     int m = dataMatIn.length;
4     float[] alphas = newfloat[m];
5     float b = 0;
6     float[][] eCache = newfloat[m][2];
7     for(int i = 0; i < m; i++){
8             alphas[i] = 0;
9             eCache[i][0] = 0;
10            eCache[i][1] = 0;
11    }
12        smoStruct.setDataMatIn(dataMatIn);
13        smoStruct.setLabels(labels);
14        smoStruct.setB(b);
15        smoStruct.setM(m);
16        smoStruct.seteCache(eCache);
17        smoStruct.setAlphas(alphas);
18    //以上完成数据的加载,初始化参数
19
20    int iter = 0;
21    boolean isEntireSet = true;   //是否要遍历整个数据集
22    int alphaPairsChanged = 0;    //运行之后改变的 α 对的数量
23
24    //算法的大循环,循环中有几个参数,iter 为循环的最大次数;
      //alphaPairsChanged 表示每一次循环中,有没有 α 对的改变,如果没有改变说明
      //收敛;
25    //由于在算法即将收敛的时候,非支持向量和 outliner 的 α 值大多已经确定,即
      //为 0 或 C,它们的值很可能不会再变化了.因此,不必每次都改变所有 α 的值,
```

```
26  //而是在一定情况下,只改变那些 0 到 C 之间的 α,等于 0 或者 C 的不变
27  //entireSet 即是表示是否要遍历整个数据集,使用这个参数是为了加快迭代的速
    //度,其唯一不同在于寻找 α 的方式
28  //update 函数的作用是在已经寻找到一个 αi 的情况下,找到最适合的 αj 更新
29  while((iter < Configuration.MAXITER)
30  &&((alphaPairsChanged > 0) || (isEntireSet))){
31          alphaPairsChanged = 0;//本次循环改变的 α 总数,最后需要用这个值来
                                  //判断是否下次要遍历整个数据集
32  if(isEntireSet){//遍历整个数据集
33  for(int i = 0; i < smoStruct.getM(); i++)
34  //优化所有的 α
35                  alphaPairsChanged += update(i, sStruct);
36  }else{  //只遍历一部分在 0 到 C 之间的 α
37  //使用 countNoBounds 参数来表示 0 到 C 之间的 α 的个数
38  int countNoBounds = 0;
39  for(int i = 0; i < smoStruct.getM(); i++)
40  if((smoStruct.getAlphas()[i]> 0)
41  &&(smoStruct.getAlphas()[i]< Configuration.C))
42  //0 < αi < C
43                      countNoBounds++;
44  int[] noBoundAlphas = new int[countNoBounds];
45  int x = 0;
46  for(int i = 0; i < smoStruct.getM(); i++){
47  if((smoStruct.getAlphas()[i]> 0)
48  &&(smoStruct.getAlphas()[i]< Configuration.C))
49                      noBoundAlphas[x++] = i;//将那些满足条件的 α 的下标存
                                             //到 noBoundAlphas 数组中
50  }
51
52  for(int i = 0; i < countNoBounds; i++){
53  //把大于 0 小于 C 的 α 取出来优化,并记录下变化了的 α 总数
54                  alphaPairsChanged += update(noBoundAlphas[i], smoStruct);
55  }//对那些满足条件的 α 进行处理
56  }
57          iter++;
```

```
58
59  if(isEntireSet){//如果这次遍历的所有 α,则下次就只遍历 0 到 C 之间的
60                  isEntireSet = false;//如果这次访问的是整个数据集,下次就只访
                                         //问非边界数据,这样可以提高速度
61  }
62  if(alphaPairsChanged == 0){
63                  isEntireSet = true;//如果这次访问的是非边界数据并且没有 α 对
                                        //的改变,那么下次就访问整个数据集
64  }
65  }
66
67  float[] W = calcWs(sStruct.getAlphas(), smoStruct.getDataMatIn(),smoStruct.
    getLabels());
68      smoStruct.setW(W);
69  return smoStruct;
70
71  }
```

(2) 预测函数 predictFunction,给定 w、b 和输入数据,预测其 label。

```
1   private float predictFunction(float[] Ws,float[] dataMat,float b)
2   {
3   float predict = 0;
4   for(int i = 0; i < Ws.length; i++)
5           predict += Ws[i] * dataMat[i];
6       predict += b;
7   return predict;
8   }
```

(3) 根据更新之后的 alpha、数据矩阵和 label 得到分割超平面的函数。

```
1   private float[] calcWs(float[] alphas,float[][] dataMatIn,int[] labels){
2   int m = dataMatIn.length;         //行数
3   int n = dataMatIn[0].length;      //列数
4   float[] w = newfloat[n];
```

```
5     for(int i = 0; i < m; i++){
6     if(alphas[i]!= 0)
7     for(int j = 0; j < n; j++){
8     //由于大部分 α 的值为 0,而非 0 的 α 对应支持向量,所以起作用的只有支持向量
9                     w[j] += alphas[i] * labels[i] * dataMatIn[i][j];
10    }
11    }
12    return w;
13    }
```

(4) Update 函数,用于每一次更新的内循环。

```
1     private int update(int i, SMOStruct smoStruct){
2     float c = Configuration.C;
3     float Ei = calcEk(smoStruct, i);
4     float L = 0;
5     float H = 0;
6     float eta = 0;//H,L,eta 都是后面要用到的局部变量
7
8     if((smoStruct.getLabels()[i] *  Ei < 0)
9     &&(smoStruct.getAlphas()[i]< Configuration.C)
10    ||((smoStruct.getLabels()[i] *  Ei > 0)&&(smoStruct.getAlphas()[i]> 0))){
11    //这里是 alpha 不满足 KKT 条件的情况,即需要进行优化的情况
12    //引入 toler 参数是因为计算过程中因为除不尽,无法得到精确相等值,可以这样
      //理解:
13    //原始 KKT 条件:
14    //αi = 0 <=> yi * ui >= 1
15    //0 < αi < C <=> yi * ui = 1
16    //αi = C <=> yi * ui <= 1
17    //即:
18    //αi < C <=> yi * ui >= 1
19    //αi > 0 <=> yi * ui <= 1
20    //逆命题即:
21    //αi < C <=> yi * ui < 1
22    //αi > 0 <=> yi * ui > 1
```

```
23        HashMap<String, Object> jEj = selectJ(i, smoStruct, Ei);//用一个类把 j
          //和 Ej 都传过来
24    int j = (Integer) jEj.get("J");
25    float Ej = (Float) jEj.get("Ej");
26    float alphaIold = smoStruct.getAlphas()[i];
27    float alphaJold = smoStruct.getAlphas()[j];
28
29    if(smoStruct.getLabels()[i]!= smoStruct.getLabels()[j])//确定 L 和 H
30    {
31            L = Math.max(0, smoStruct.getAlphas()[j] - smoStruct.getAlphas()[i]);
32            H = Math.min(c, c + smoStruct.getAlphas()[j] - smoStruct.getAlphas()[i]);
33    }else{
34            L = Math.max(0, smoStruct.getAlphas()[j] + smoStruct.getAlphas()[i] - c);
35            H = Math.min(c, smoStruct.getAlphas()[j] + smoStruct.getAlphas()[i]);
36    }
37
38    if(L >= H){
39    //Low >= High是不会出现的情况,如果出现说明不能更新;
40    return 0;
41    }
42
43    float xij = kernel(smoStruct.getDataMatIn()[i], smoStruct.getDataMatIn()[j]);
44    float xii = kernel(smoStruct.getDataMatIn()[i], smoStruct.getDataMatIn()[i]);
45    float xjj = kernel(smoStruct.getDataMatIn()[j], smoStruct.getDataMatIn()[j]);
46        eta = 2 * xij - xii - xjj;
47    if(eta >= 0){
48    //eta >= 0 是错误情况;
49    return 0;
50    }
51    //如果程序运行到现在还没有返回 false,说明应该对 αi 和 αj 进行修改
52        smoStruct.getAlphas()[j] -= smoStruct.getLabels()[j] * (Ei - Ej)/ eta;
```

```
53        smoStruct.getAlphas()[j] = chooseAlpha(smoStruct.getAlphas()[j], H, L);
54        updateEk(smoStruct, j);//更新 Ej,并将 Ej 标记为有效
55
56     if (Math.abs(smoStruct.getAlphas()[j] - smoStruct.getAlphas()[i]) <
       Configuration.TOLER){
57    //因为这里是需要对有效的 α 对改变进行计数,如果 j 改变得不明显,则视为是没
      //有改变
58    return 0;//否则 αi 也没有必要改变了
59    }
60        smoStruct.getAlphas()[i] += smoStruct.getLabels()[j] * smoStruct
          .getLabels()[i]
61     * (alphaJold - smoStruct.getAlphas()[j]);
62        updateEk(smoStruct, i);
63
64    //对 b 的更新
65    float b1 = smoStruct.getB() - Ei - smoStruct.getLabels()[i]
66     * (smoStruct.getAlphas()[i] - alphaJold)
67     * kernel(smoStruct.getDataMatIn()[i], smoStruct.getDataMatIn()[i])
68     - smoStruct.getLabels()[j] * (smoStruct.getAlphas()[j] - alphaJold)
69     * kernel(smoStruct.getDataMatIn()[i], smoStruct.getDataMatIn()[j]);
70    float b2 = smoStruct.getB() - Ej - smoStruct.getLabels()[i]
71     * (smoStruct.getAlphas()[i] - alphaIold)
72     * kernel(smoStruct.getDataMatIn()[i], smoStruct.getDataMatIn()[j])
73     - smoStruct.getLabels()[j] * (smoStruct.getAlphas()[j] - alphaJold)
74     * kernel(smoStruct.getDataMatIn()[j], smoStruct.getDataMatIn()[j]);
75    if((smoStruct.getAlphas()[i]> 0)&&(smoStruct.getAlphas()[i]< c))
76            smoStruct.setB(b1);
77    elseif((smoStruct.getAlphas()[j]> 0)&&(smoStruct.getAlphas()[j]< c))
78            smoStruct.setB(b2);
79    else
80            smoStruct.setB((float)((b1 + b2)/2.0));
81    return 1;//修改成功,改变的 α 对的计数加 1
82    }else{
```

```
83    return 0;
84    }
85    }
```

（5）计算两个向量的内积：innerProduct。

```
1    private float innerProduct(float[] xi,float[] xj)//求向量内积
2    {
3    float product = 0;
4    for(int i = 0; i < xi.length; i++)
5    {
6            product += xi[i] * xj[i];
7    }
8    return product;
9    }
```

（6）计算第 k 个 X 的估计值：clacEk。

```
1    private float calcEk(SMOStruct sS, int k){
2    float Ek = 0;
3    float[] absAlphas = newfloat[sS.getM()];
4    for(int i = 0; i < sS.getM(); i++){
5        absAlphas[i] = sS.getAlphas()[i] *  sS.getLabels()[i];
6    }
7    float[] absXk = newfloat[sS.getM()];
8    for(int i = 0; i < sS.getM(); i++){
9        absXk[i] = kernel(sS.getDataMatIn()[i], sS.getDataMatIn()[k]);
10   }
11
12   float fXk = 0;
13   for(int i = 0; i < sS.getM(); i++){
14       fXk += absAlphas[i] *  absXk[i];
15   }
16
17   fXk += sS.getB();
18   Ek = fXk  -  sS.getLabels()[k];
```

```
19    return Ek;
20    }
```

(7) 更新缓存中的 Ek。

```
1     private void updateEk(SMOStruct sS,int k)
2     {
3     float Ek = calcEk(sS, k);
4          optStruct.geteCache()[k][0] = 1;
5          optStruct.geteCache()[k][1] = Ek;
6     }
```

(8) 核函数。

```
1     private float kernel(float[] Xi,float[] Xj)//核函数,现在用向量内积代替
2     {
3     float result = 0;
4
5     for(int i = 0; i < Xi.length; i++)
6     {
7               result += Xi[i] * Xj[i];
8     }
9
10     return result;
11    }
```

(9) 根据 i 选择 j 的函数。

```
1     private HashMap < String, Object > selectJ(int i, SMOStruct smoStruct,float
      Ei){
2     HashMap < String, Object > result = new HashMap < String, Object >();
3
4     int maxK = -1;
5     float maxDeltaE = 0;
6     float Ej = 0;
```

```
7
8    //eCache[0]:1 表示有意义,0 表示无意义
9    //eCache[1]:Ei 的值
10   smoStruct.geteCache()[i][0] = 1;
11   smoStruct.geteCache()[i][1] = Ei;
12
13   int countValidEcacheList = 0;//记录已经初始化了的 e 的个数
14   for(int l = 0; l < smoStruct.getM(); l++){
15   if(smoStruct.geteCache()[l][0] == 1)
16           countValidEcacheList += 1;
17   }
18   if(countValidEcacheList <= 1){//如果是第一次选择 j:
19   int j;
20   //j = selectJRand(i, smoStruct.getM());
21   //注意：不同数据集对第一个 j 的敏感程度不同,有的任意取一个就好,有的需要
     //选择特定的 j,本数据集从第 48 个数据开始效果最佳
22       j = selectJRand(i, smoStruct.getM());
23       Ej = calcEk(smoStruct, j);
24       result.put("Ej", Ej);
25       result.put("J", j);
26       System.out.println("选的第一个 j 是" + j);
27   return result;
28   }
29   int[] validEcacheList = newint[countValidEcacheList];//存放那些有用的
     //eCache 的下标
30   int x = 0;
31   for(int l = 0; l < smoStruct.getM(); l++){
32   if(smoStruct.geteCache()[l][0] == 1){
33           validEcacheList[x] = l;
34           x++;
35   }
36   }
37
38   for(int l = 0; l < countValidEcacheList; l++){
39   if(validEcacheList[l] == i){
40   continue;
```

```
41    }
42    float Ek = calcEk(smoStruct, validEcacheList[l]);
43    float deltaE = Math.abs(Ei - Ek);
44    if(deltaE >= maxDeltaE)//大于当前最大步长即修改 J 的值
45    {
46              maxK = validEcacheList[l];
47              maxDeltaE = deltaE;
48              Ej = Ek;
49    }
50    }
51
52    result.put("Ej", Ej);
53    result.put("J", maxK);
54    return result;
55    }
```

（10）随机选择一个 j。

```
1     private int selectJrand(int i,int m)
2     {
3          Random r = new Random();
4     int j = i;
5     while(j == i)
6               j = r.nextInt(m);
7     return j;
8     }
```

（11）将 alpha 控制在合理的范围。

```
1     private float chooseAlpha(float alpha,float H,float L)
2     {
3     if(alpha > H)
4               alpha = H;
5     if(alpha < L)
6               alpha = L;
```

```
7    return alpha;
8    }
```

4.3 实验数据

实验数据来自《机器学习实战》一书，CSDN 上可以下载全部数据，我们只针对 SVM 实验整理了一份数据，由 100 条二维数据组成，就放在本书 SVM 源码工程的 data 文件夹下，也可单独下载：http://pan.baidu.com/s/1o8hY7ay。

4.4 实验结果

4.4.1 结果展示

如图 4-8 所示为使用实验数据所得的结果。其中，○和×分别表示两种不同的分类，中间的直线为通过 SMO 算法得到的分割超平面。

4.4.2 结果分析

在实验中，用测试集测试的准确率并不总是十分理想，这是因为 SMO 算法对首次选择的 α_j 特别敏感。在本章所使用的数据集中，经测试，在训练集中选择第 48 个数据作为入口(即令 $j=48$)得到的效果最佳。

实验证明以 SVM 思想为基础的 SMO 算法在针对线性可分的数据集分类方面有良好的表现，得到的分割超平面能够很好地代表决策边界。

SVM 提供了一种在低维空间进行等价高维运算的求解方法。另外，SVM 的结果简单、推导严谨、优化算法 SMO 的收敛性得到了证明，使它成为经典机器学习算法

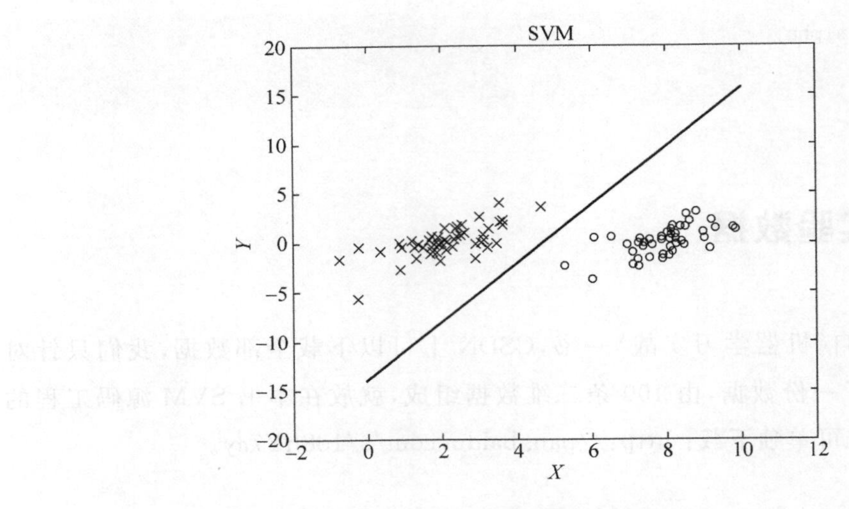

图 4-8 实验结果

中最重要的一个。但是，线性核函数与非线性核函数的时间复杂度差距较大，在无法实现数据可视化的情况下核函数的选择还没有确定的方法。另外，与朴素贝叶斯等分类算法比起来，SMO 算法的训练阶段的时间复杂度较高。

第5章

AdaBoost

5.1 AdaBoost 算法原理

对于分类问题,如果任意一个分类器解决不了问题,那就多个分类器都试试。分类器一多,怎么整理结果?走类似参数拟合的路线,用权重来平衡不同分类器,用误差函数来帮助回归,简单明了——AdaBoost。

5.1.1 算法引入

在进行数据分析时,如何探索出性能优良的分类器一直是科学家执着的追求。通常情况下想要找到一个强分类器总是比较困难的,但想要获得一个弱分类器却相对容易。因此,我们提出这样一个问题,能否通过这些容易实现的弱分类器,经过一定组合后构建一个强分类器?AdaBoost 算法即可解决该问题。AdaBoost 属于 Boosting 的一种算法,具有“自适应”功能。该算法通过不断迭代并根据每次迭代的误差率赋予当前基础分类器权重,同时,自动调整样本权重,最后把所有的分类器通过线性整合,形成一个性能优良的强分类器。AdaBoost 提供一种框架,该框架可以将各种弱分类器组合起来,并且该算法相对简单,不需要进行特征的筛选,很难出现过拟合。AdaBoost 框架如图 5-1 所示。

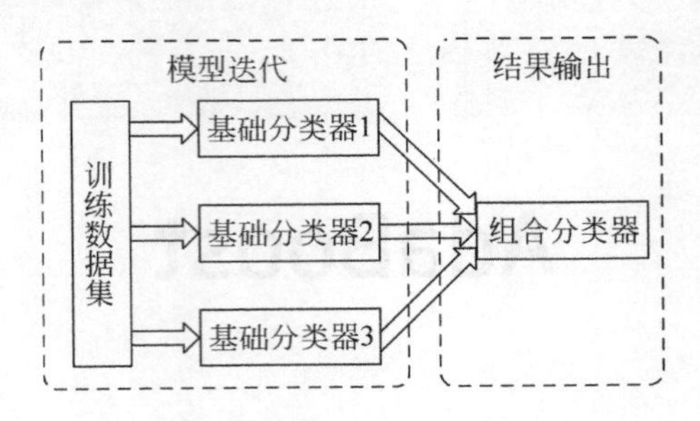

图 5-1　AdaBoost 框架图

5.1.2　科学问题

1. 相关定义

首先定义以下几个基本概念。

定义 1：基础分类器 $H(x)$

AdaBoost 只是提供了一种用于将弱分类器通过线性整合，以获得强分类器的框架。具体的基础分类器可以是任意分类器，在分类时其误差率应满足 $0<\varepsilon_t<\frac{1}{2}$。

定义 2：误差率 ε_t

误差率主要是用来衡量基础分类器在此次分类中的加权错误率，每次选择误差率最低的分类器加入到最终线性分类器。

定义 3：分类器权重 α_t

AdaBoost 通过线性加和的方式得到最终分类器，α_t 表示每一个基础分类器在最终分类器中的权值，数字 t 表示第 t 轮迭代次数。

定义 4：样本权重 $u_t=(u_{t,1},u_{t,2},\cdots,u_{t,N})$，$N$ 表示样本总数

AdaBoost 每一次迭代都会更新样本集合 D 的权重，u_t 代表的是第 $t-1$ 次迭代后所计算出的样本权重。

2. 问题定义

在给定数据集 $D=\{(x_1,y_1),(x_2,y_2),\cdots,(x_N,y_N)\}$ 以及基础分类器 $H(x)$ 的情

况下，AdaBoost 算法拟解决以下问题。

(1) 如何衡量分类器在 $H_t(x)$每一轮迭代中的权重 α_t？其中，$t=\{1,2,\cdots,T\}$表示迭代次数。AdaBoost 算法通过计算误差率 ε_t，并通过公式 $\alpha_t=\frac{1}{2}\log\frac{1-\varepsilon_t}{\varepsilon_t}$计算每一轮的权重。

(2) 如何在迭代过程中更新样本集的权重？为了使得每次迭代后的弱分类器更精确，并且使之前误分类样本在下轮迭代中所占比重更大，因此 AdaBoost 算法根据分类器分类结果对样本的权重进行更新，权重更新公式为 $u_{t+1,i}=\frac{u_{t,i}}{Z_t}\exp(-\alpha_t y_i H_t(x_i))$。

5.1.3 算法流程

1. 算法步骤

(1) 对给定的二分类数据集 $D=\{(x_1,y_1),(x_2,y_2),\cdots,(x_N,y_N)\}$，$(x\in X,y\in Y)$，首先初始化每个样本的权重 $u_{1,i}=\left[\frac{1}{N},\frac{1}{N},\cdots,\frac{1}{N}\right]$，$(i=1,2,\cdots,N)$，$N$ 是样本数量，所有样本在初始阶段同等重要。

(2) AdaBoost 算法通过多次迭代生成多个基础分类器，在每次迭代过程中以最小误差率 ε_t 选择当前最优的基础分类器，误差率越小表示基础分类器对数据样本预测结果越准确，计算误差率 ε_t 的公式为：

$$\varepsilon_t=\sum_{i=1}^{N}u_{t,i}I(H_t(x_i)\neq y_i) \tag{5-1}$$

(3) AdaBoost 算法采用“加权多数表决”方法组合多个基础分类器。算法根据误差率 ε_t 为基础分类器 $H_t(x)$赋予权重 α_t，误差率越小则分类器权重越大，即该基础分类器在最终分类器中作用越大，计算分类器的权重 α_t 的公式为：

$$\alpha_t=\frac{1}{2}\log\frac{1-\varepsilon_t}{\varepsilon_t} \tag{5-2}$$

(4) AdaBoost 算法在生成下一个基础分类器之前将放大误分类样本权重并缩小

正确分类样本权重，这使得下一轮迭代更关注误分类样本，以期待在下次生成基础分类器过程中正确分类误分类样本，样本权重更新公式为：

$$u_{t+1,i} = \frac{u_{t,i}}{Z_t}\exp(-\alpha_t y_i H_t(x_i)), \quad (i = 1,2,\cdots,N) \tag{5-3}$$

式中 $t=1,2,\cdots,T$，Z_t 是规一化因子，Z_t 计算公式如下所示：

$$Z_t = \sum_{i=1}^{N} u_{t,i}\exp(-\alpha_t y_i H_t(x_i)) \tag{5-4}$$

（5）若多个基础分类器经线性组合后能全部准确预测数据样本类别或者迭代次数超过预定义次数，迭代终止并形成最终线性分类器：

$$f(x) = \sum_{t=1}^{T} \alpha_t H_t(x) \tag{5-5}$$

（6）最开始提出的 AdaBoost 算法用于解决二分类问题，$f(x)$经二值化后得到最终分类器，形式化如下：

$$H(x) = \text{sign}(f(x)) = \text{sign}\left(\sum_{t=1}^{T} \alpha_t H_t(x)\right) \tag{5-6}$$

2．AdaBoost 理论推导

AdaBoost 是一个线性整合模型[2]，我们假设前 $t-1$ 轮迭代所产生的分类器已知，即：

$$f_{t-1}(x) = f_{t-2}(x) + \alpha_{t-1} H_{t-1}(x) = \alpha_1 H_1(x) + \cdots + \alpha_{t-1} H_{t-1}(x) \tag{5-7}$$

下一轮迭代目标是为了生成在当前数据样本权重下损失函数最小的基础分类器，AdaBoost 损失函数为指数函数[3]，即：

$$(\alpha_t, H_t(x)) = \arg\min_{\alpha,H} \sum_{i=1}^{N} \exp[-y_i(f_{t-1}(x_i) + \alpha H_t(x_i))] \tag{5-8}$$

式(5-8)又可以表示为：

$$(\alpha_t, H_t(x)) = \arg\min_{\alpha,H} \sum_{i=1}^{N} \bar{u}_{t,i}\exp[-y_i \alpha H_t(x_i)] \tag{5-9}$$

其中，通过公式(5-3)可得到$\bar{u}_{ti} = \exp[-y_i f_{t-1}(x_i)]$，此时可以看出$\bar{u}_{ti}$与所要求的损失函数没有依赖，与式(5-9)的最小化过程没有关系。因此式(5-9)的求解分为以下两步。

第一步，求解最优的分类器 $H_t^*(x_i)$，对任意的 $\alpha>0$，对公式(5-9)求解最小值，得到：

$$H_t^*(x_i)=\arg\min_H\sum_{i=1}^N \bar{u}_{t,i}I(y_i\neq H(x_i)) \tag{5-10}$$

损失函数(5-9)可表示为

$$\begin{aligned}&\sum_{i=1}^N \bar{u}_{t,i}\exp[-y_i\alpha H_t(x_i)]\\ =&\sum_{y_i=H_t(x_i)}^N \bar{u}_{t,i}\exp[-\alpha]+\sum_{y_i\neq H_t(x_i)}^N \bar{u}_{t,i}\exp[\alpha]\\ =&(\mathrm{e}^{\alpha}-\mathrm{e}^{-\alpha})\sum_{i=1}^N \bar{u}_{t,i}I(y_i\neq H_t(x_i))+\mathrm{e}^{-\alpha}\sum_{i=1}^N \bar{u}_{t,i}\end{aligned} \tag{5-11}$$

将之前所求的 $H_t^*(x_i)$带入到式(5-11)中，对 α 求偏导并使偏导为 0，可得到此时 α_t^* 的求解公式(5-2)。其中，ε_t 是分类器的误差率，此时 ε_t 的表示形式如下：

$$\varepsilon_t=\frac{\sum_{i=1}^N \bar{u}_{t,i}I(y_i\neq H_t(x_i))}{\sum_{i=1}^N \bar{u}_{t,i}}=\sum_{i=1}^N \bar{u}_{t,i}I(y_i\neq H_t(x_i)) \tag{5-12}$$

第二步，对于每一轮的权值更新，由 $f_t(x)=f_{t-1}(x)+\alpha_t H_t(x)$ 且 $\bar{u}_{ti}=\exp[-y_i f_{t-1}(x_i)]$可得权值更新公式：

$$u_{t+1,i}=\bar{u}_{t,i}\exp(-\alpha_t y_i H_t(x_i)),\quad (i=1,2,\cdots,N) \tag{5-13}$$

5.1.4 算法描述

下面给出 AdaBoost 算法的伪代码。

算法 5-1 AdaBoost 算法。

输入：训练数据集 $D=\{(x_1,y_1),(x_2,y_2),\cdots,(x_N,y_N)\},(x\in X,y\in Y)$，以及基础分类器 $H_t(x_i)$，最低错误率 ξ；

1：初始化样本数据集权值 $u_{1,i}=\left[\frac{1}{N},\frac{1}{N},\cdots,\frac{1}{N}\right],(i=1,2,\cdots,N)$；

2：**for** $t=1,2,\cdots,T$ **do**

3：　寻找当前权重下误差率最小的分类器，误差率 ε_t 通过公式(5-1)计算得出；

4： **if** $\varepsilon_t > 0.5$

5： **continue**；

6： **else**

7： 通过误差率 ε_t 计算出该分类器的权重 α_t，权重通过公式(5-2)计算得出；

8： 通过公式(5-3)和上一轮样本的权重 u_{t-1n} 更新当前样本集权重；

9： 计算当前分类器 $f(x)=\sum_{t=1}^{T}\alpha_t H_t(x)$ 的错误率 ε；

10： **if** $\varepsilon \leqslant \xi$ **then**

11： 返回当前分类器 $f(x)$；

12： **break**；

13： **end if**

14： **end if**

15： **end for**

16： 输出最终的分类 $f(x)=\sum_{t=1}^{T}\alpha_t H_t(x)$；

5.1.5 补充说明

1. 基础分类器的误差率应该小于0.5

AdaBoost 在选择基础分类器时，需要注意到基础分类器的误差率应小于0.5。这一点通过权重迭代公式(5-2)可以看出，当分类器的误差率为0.5时，分类器的权重为0。这与我们的日常感知也是趋于一致的，因为当一个分类器的误差率为0.5时，相当于随机猜测的效果，也就是该分类器在此次分类过程中不起作用。因此在最终得到的线性分类器 $f_t(x)$ 里，该分类器权重为0。同样，当基础分类器的误差率接近零时，该分类器经过 $f_t(x)$ 计算权重变得很大，即该分类器在全部分类器中所占比重大。

2. AdaBoost 算法误差分析

本小节将对 AdaBoost 算法误差进行分析，首先给出该算法误差分析的结论：

$$\frac{1}{N}\sum_{i}^{N}\{H_t(x)\neq y_i\}\leqslant\frac{1}{N}\sum_{i=1}^{N}\{\exp(-y_i\times f(x_i))\}=\prod_t Z_t$$

权值更新的式(5-3)可以转换为如下形式：

$$u_{t,i}\exp(-\alpha_t y_i H_t(x_i))=Z_t u_{t+1,i} \tag{5-14}$$

又因为当 $H_t(x)\neq y_i$ 时，$y_i\times f(x_i)<0$，因此得出 $\exp(-y_i\times f(x_i))\geqslant 1$，此时 $\frac{1}{N}\sum_{i=1}^{N}\{H_t(x)\neq y_i\}\leqslant\frac{1}{N}\sum_{i=1}^{N}\{\exp(-y_i\times f(x_i))\}$成立。

另外，对于 $\frac{1}{N}\sum_{i=1}^{N}\{\exp(-y_i\times f(x_i))\}=\prod_t Z_t$，由式(5-4)可得出：

$$\begin{aligned}\frac{1}{N}\sum_{i=1}^{N}\{\exp(-y_i\times f(x_i))\}&=\frac{1}{N}\sum_{i=1}^{N}\exp\left(-\sum_{t=1}^{T}\alpha_t y_i H_t(x_i)\right)\\&=\sum_{i=1}^{N}u_{1,i}\prod_{t=1}^{T}\exp(-\alpha_t y_i H_t(x_i))\\&=Z_1\sum_{i=1}^{N}u_{2,i}\prod_{t=2}^{T}\exp(-\alpha_t y_i H_t(x_i))\\&=Z_1 Z_2\sum_{i=1}^{N}u_{3,i}\prod_{t=3}^{T}\exp(-\alpha_t y_i H_t(x_i))\\&\cdots\\&=\prod_{t=1}^{T}Z_t\end{aligned} \tag{5-15}$$

由此，通过式(5-15)可以看出，在每轮迭代过程中，只需要满足训练得到的分类器使得归一化因子 Z_t 最小，便可以进一步降低训练误差。由公式(5-3)可得到：

$$\begin{aligned}Z_t&=\sum_{i=1}^{N}u_{t,i}\exp(-\alpha_t y_i H_t(x_i))\\&=\sum_{y_i=H_t(x_i)}^{N}u_{t,i}\exp(-\alpha_m)+\sum_{y_i\neq H_t(x_i)}^{N}u_{t,i}\exp(\alpha_t)\\&=(1-\varepsilon_t)\exp(-\alpha_m)+\varepsilon_t\exp(\alpha_m)\end{aligned}$$

把公式(5-2)$\alpha_t=\frac{1}{2}\log\frac{1-\varepsilon_t}{\varepsilon_t}$带入上式中，可以得到$2\sqrt{\varepsilon_t(1-\varepsilon_t)}=\sqrt{1-4r_m^2}$。在这里令$r_m=\frac{1}{2}-\varepsilon_t$，通过泰勒公式分别对$e^x$和$\sqrt{1-x}$展开，所展开的泰勒公式如下所示：

$$f(x)=\frac{f(x_0)}{0!}+\frac{f'(x_0)}{1!}(x-x_0)+\frac{f''(x_0)}{1!}(x-x_0)^2+\cdots+\frac{f^{(n)}(x_0)}{n!}(x-x_0)^n+R_n(x) \tag{5-16}$$

这里只展示三阶的泰勒展开式，分别得到e^x和$\sqrt{1-x}$：

$$e^x=1+x+\frac{1}{2}x^2+\frac{1}{6}x^3+\cdots+R_n(x) \tag{5-17}$$

$$\sqrt{1-x}=1-\frac{1}{2}x-\frac{1}{4}x^2-\frac{3}{8}x^3+\cdots+R_n(x) \tag{5-18}$$

可以看出当$\sqrt{1-x}\leqslant e^x$，同理可得$\sqrt{1-4r_t^2}\leqslant \exp(-2r_t^2)$，如果存在$r>0$，对于所有的$t$有$r_t\geqslant r$成立，因此可以得到：

$$\frac{1}{N}\sum_{i=1}^{N}I(G_{x_i}\neq y_i)\leqslant \exp(-2Tr^2) \tag{5-19}$$

综上，AdaBoost 算法在迭代的过程中，其误差率以指数速率下降。

5.2 AdaBoost 算法实现

本节展示了算法实现的流程图和核心类。如图 5-2 所示，是算法实现的流程，包含算法实现的类和函数。

5.2.1 简介

AdaBoost 算法实现采用 Java 语言，主要分为如表 5-1 所示的几个类。

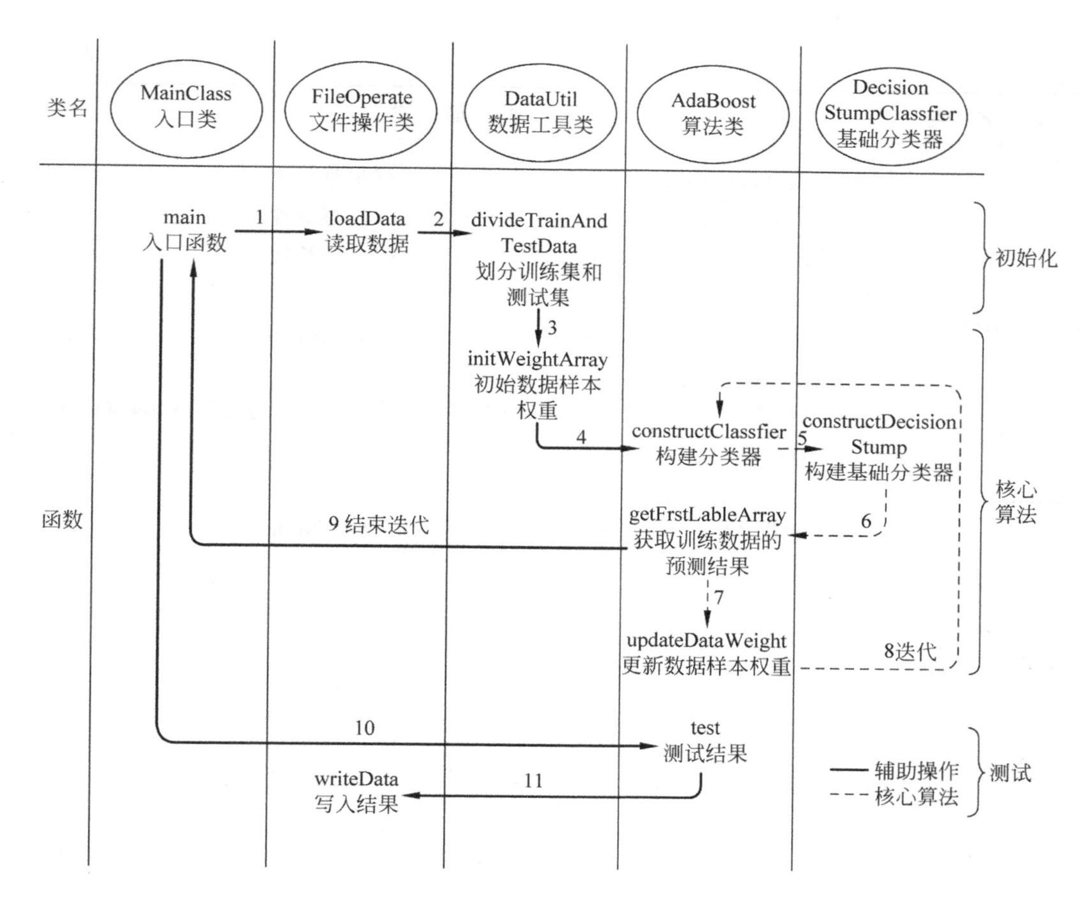

图 5-2 算法设计流程图

表 5-1 类名称及其描述

类 名 称	类 描 述
Node	(抽象类,供具体数据 Model 类继承,提供一个 getFeatures()抽象方法,继承该类的子类需重写该方法并返回数据属性集合) 方法: `public abstract String[] getFeatures();`
Iris	(具体数据 Model 类 Iris,继承抽象类 Node) 成员变量:

续表

<table>
<tr><th>类 名 称</th><th>类 描 述</th></tr>
<tr><td>Iris</td><td><pre>private double sepalLength;   //花萼长度
private double sepalWidth;   //花萼宽度
private double petalLength;   //花瓣长度
private double petalWidth;   //花瓣宽度
private int label;   //类别标签
//特征键集
private String[] features = new String[]{"sepalLength","sepalWidth",
"petalLength","petalWidth"};</pre></td></tr>
<tr><td>SimpleDataSet</td><td>(具体数据 Model 类 SimpleDataSet，继承抽象类 Node)
成员变量：<pre>private double xAis;   //x 轴
private double yAis;   //y 轴
private int label;   //类别标签
//特征键集
private String[] features = new String[]{"xAis","yAis"};</pre></td></tr>
<tr><td>AdaBoost</td><td>(AdaBoost 算法核心类，实现分类器构建、误差率计算、数据样本更新以及预测结果获取)
成员变量：<pre>private double[][] trainDataArray;   //训练数据集
private double[][] testDataArray;   //测试数据集
private int[] trainLabelArray;   //训练标签集
private double[] weightArray;   //样本权重集</pre>函数：<pre>/** 构建多个基础分类器的组合 */
public List<DecisionStump> constructClassfier();
/** 计算当前所选特征下的误差率 */</pre></td></tr>
</table>

续表

类 名 称	类 描 述

AdaBoost	public double getError (double [ ] tmpArray, double threshold, int ltLabel, int gtLabel);
	/** 更新每个数据样本的权重 */
	public double[ ] updateWeight(DecisionStump ds);
	/** 综合每次所得到的分类器,带入原始数据计算最终预测结果 */
	public int [ ] getFrstLableArray (List < DecisionStump > dsList, int dataFlag);
	/** 测试分类器 */
	public int[ ] test(List <DecisionStump> dsList, int[ ] testLabelArray);

DecisionStump Classfier	(实现基础分类器之一——决策树桩的构建,打印全部的决策树桩) 函数: /** 构建当次决策树桩 */ public DecisionStump constructDecisionStump(AdaBoost adaBoost, double [ ][ ] trainDataArray); /** 打印全部的决策树桩 */ public void printDecisionStump (List < DecisionStump > dsList, DataModel curDataModel);

DecisionStump	(决策树桩的 Model 实体类)
	成员变量:
	private int featureIndex; //所选特征
	private double threshold; //阈值
	private int ltLabel; //小于阈值的分类
	private int gtLabel; //大于阈值的分类
	private double alphaWeight; //当前分类器权重

DataUtil	(有关数据的工具类,在这里实现了:①从全部数据中取出不含类别标签的数据集和从类别标签集;②根据随机数从原始数据中划分训练数据、测试数据、训练标签和测试标签;③初始化数据样本权重) 函数:

续表

类 名 称	类 描 述

DataUtil	/** 从全部数据中取出不含类别标签的数据集 */
	public static double[ ][ ] getDataArray (List < List < String >> datas, int dataCount, int featureCount);
	/** 从全部数据中取出类别标签集 */
	public static int[ ] getLabelArray(List < List < String >> datas, int dataCount, int labelColIndex);
	/** 初始化训练数据样本权重 */
	public static double[ ] initWeightArray(int[ ] trainDataCount);

AlgorithmUtil	(有关算法的工具类,在这里实现了数值型数组最大值、最小值的获取、数组转置以及随机数的获取) 函数: /** 获取一个数值型数组的最大值 */ public static double getMax(double[ ] array); /** 获取一个数值型数组的最小值 */ public static double getMin(double[ ] array); /** 数组转置 */ public static double[ ][ ] getTransArray(double[ ][ ] array);

Configuration	(配置类,包括读写数据路径和算法所需参数的配置)
	属性:
	/**
	  * 读数据的路径
	  */
	public static final String DATA_PATH = "data/iris.txt";
	/**
	  * 写数据的路径
	  */
	public static final String RESULT_PATH = "data/result.txt";
	/**

续表

类名称	类描述

Configuration	* 数据样本类别标签所在的列号
	  */
	public static final int LABEL_INDEX = 5;
	/**
	  * 所选数据样本开始的编号
	  */
	public static final int BEGIN = 1;
	/**
	  * 所选数据样本结束的编号
	  */
	public static final int END = 100;
	/**
	  * 算法最大迭代次数
	  */
	public static final int ITER = 500;
	/**
	  * 训练数据样本占全部样本的比例,范围: 0.5≤percent≤0.9
	  */
	public static final double PERCENT = 0.9;
	/**
	  * 实例化数据实体类
	  */
	public static final Node NODEMODEL = **new** Iris();

MainClass	(AdaBoost 算法入口类,程序从这里开始) 函数: public static void main(String[] args);

5.2.2　核心代码

我们根据算法的思想与流程给出其核心代码,包括 Main 类、AdaBoost 类和

DecisionStumpClassfier 类的详细代码和解释说明，这里选的基本分类器为决策树桩。

1. MainClass 类

（1）首先获取原始数据并划分训练集和测试集。

```
1    long beginTime = System.currentTimeMillis();
2
3    //step1 获取原始数据并划分训练集和测试集
4    //获取原始数据
5    List<List<String>> datas = FileOperate.loadData(Configuration.DATA_PATH,
     "[\t|\\s+]");
6    //划分训练集和测试集
7     Map < String, Object > dataAndLabelMap = DataUtil.divideTrainAndTestData
      (datas, Configuration.BEGIN, Configuration.END, Configuration.PERCENT);
8    double[][] trainDataArray = (double[][]) dataAndLabelMap.get("trainData");
9    double[][] testDataArray = (double[][]) dataAndLabelMap.get("testData");
10   int[] trainLabelArray = (int[]) dataAndLabelMap.get("trainLabel");
11   int[] testLabelArray = (int[]) dataAndLabelMap.get("testLabel");
```

（2）初始化训练数据样本权重。

```
1    //step2 初始化训练数据样本权重
2    int trainDataCount = trainLabelArray.length;
3    double[] weightArray = DataUtil.initWeightArray(trainDataCount);
```

（3）核心步骤，构建多个分类器。

```
1    //step3 核心步骤，构建多个基础分类器的组合
2        AdaBoost adaBoost = new AdaBoost (trainDataArray, testDataArray,
         trainLabelArray, weightArray);
3    List<DecisionStump> dsList = adaBoost.constructClassfier();
```

(4) 把测试数据带入最终分类器,得到预测标签集并统计正确与错误数。

```
1	//step4 测试
2	int[] result = adaBoost.test(dsList, testLabelArray);
3	int rightCount = result[0];
4	int errorCount = result[1];
5
6	long endTime = System.currentTimeMillis();
```

(5) 把结果输出到文件。

```
1	//step5 打印输出最终分类器和测试结果到文件
2	FileOperate.writeData(Configuration.RESULT_PATH, dsList, Configuration
	.NODEMODEL, rightCount, errorCount, beginTime, endTime);
```

2. AdaBoost 类

(1) 构建多个的基础分类器的组合。

```
1	/**
2	 * 构建多个基础分类器的组合
3	 * @return dsList 基础分类器集
4	 */
5	public List<DecisionStump> constructClassfier() {
6	    List<DecisionStump> dsList = new ArrayList<DecisionStump>();
7	    int i = 1;
8	    DecisionStumpClassfier dsc = new DecisionStumpClassfier();
9	    while (i <= Configuration.ITER) {
10	        i++;
11	        //获取该次的分类器并加入基础分类器集
12	                DecisionStump ds = dsc.constructDecisionStump(this,
	                trainDataArray);
13	        if(ds == null){
14	            continue;
15	        }else{
```

```
16                dsList.add(ds);
17                //获取多个分类器 boost 后得到的预测标签集,1 表示采用训练数据集
18                int[] frstLableArray = this.getFrstLableArray(dsList, 1);
19                //比较预测标签集和训练数据真实标签集
20                boolean flag = true;
21                int trainDataCount = trainLabelArray.length;
22                for (int j = 0; j < trainDataCount; j++) {
23                    if (frstLableArray[j] != trainLabelArray[j]) {
24                        flag = false;
25                        break;
26                    }
27                }
28                //如果都预测正确,结束迭代
29                if (flag) {
30                    break;
31                }
32                //否则更新数据样本权重并继续获取下一个分类器
33                else {
34                    weightArray = this.updateDataWeight(ds);
35                }
36            }
37        }
38        return dsList;
39    }
```

(2) 在构建决策树桩分类器时计算该分类器的误差率。

```
1    /**
2     * 计算当前所选特征下的误差率
3     * @param tmpArray 当前特征数组
4     * @param threshold 阈值
5     * @param ltLabel 小于阈值的标签
6     * @param gtLabel 大于阈值的标签
7     * @return error 误差率
8     */
```

```
9     public double getError(double[ ] tmpArray, double threshold, int ltLabel, int
gtLabel) {
10          double error = 0.0;
11          for (int i = 0; i < tmpArray.length; i++) {
12              //小于阈值
13              if (tmpArray[i] < threshold) {
14                  //预测标签不等于真实标签,增加误差率
15                  if (trainLabelArray[i] != ltLabel)
16                      error += weightArray[i];
17              } else {
18                  //同上
19                  if (trainLabelArray[i] != gtLabel)
20                      error += weightArray[i];
21              }
22          }
23          return error;
24    }
```

(3) 如果现有分类器不能完全准确分类训练数据集,则本次需要更新每个数据样本的权重。

```
1     /**
2      *更新每个数据样本的权重
3      * @param ds 当前构造的分类器
4      * @return weightArray 更新后的数据样本权重
5      */
6     public double[ ] updateDataWeight(DecisionStump ds) {
7          int featureIndex = ds.getFeatureIndex();     //所选特征的索引号
8          double threshold = ds.getThreshold();        //阈值
9          int ltLabel = ds.getLtLabel();               //小于阈值的类别
10         int gtLabel = ds.getGtLabel();               //大于阈值的类别
11         double alphaWeight = ds.getAlphaWeight();    //当前分类器的权重
12
13         double[ ] tmpArray = trainDataArray[featureIndex];
14         //计算规范化因子
```

```
15        double Z = 0.0;
16        for (int i = 0; i < tmpArray.length; i++) {
17            //小于阈值
18            if (tmpArray[i] < threshold) {
19                //预测标签不等于真实标签
20                if (trainLabelArray[i] != ltLabel)
21                    Z += weightArray[i] * Math.pow(Math.E, alphaWeight);
22                else
23                    Z += weightArray[i] * Math.pow(Math.E, -alphaWeight);
24            } else {
25                //同上
26                if (trainLabelArray[i] != gtLabel)
27                    Z += weightArray[i] * Math.pow(Math.E, alphaWeight);
28                else
29                    Z += weightArray[i] * Math.pow(Math.E, -alphaWeight);
30            }
31        }
32        //更新数据样本权重
33        for (int i = 0; i < tmpArray.length; i++) {
34            //小于阈值
35            if (tmpArray[i] < threshold) {
36                //预测标签不等于真实标签
37                if (trainLabelArray[i] != ltLabel)
38                       weightArray[i] = weightArray[i] * Math.pow(Math.E,
                         alphaWeight);
39                else
40                    weightArray[i] = weightArray[i] * Math.pow(Math.E,
                      -alphaWeight);
41            }
42            //大于等于阈值
43            else {
44                //预测标签不等于真实标签
45                if (trainLabelArray[i] != gtLabel)
46                       weightArray[i] = weightArray[i] * Math.pow(Math.E,
                         alphaWeight);
47                else
```

```
48                    weightArray[i] = weightArray[i] * Math.pow(Math.E,
                      - alphaWeight);
49                }
50                weightArray[i] = weightArray[i] / Z;
51            }
52            return weightArray;
53        }
```

(4) 综合每次所得到的分类器,带入数据计算每个数据样本最终预测结果。

```
1     /**
2      * 综合每次所得到的分类器,带入原始数据计算最终预测结果
3      * @param dsList 分类器集
4      * @param dataFlag 数据标识,1 代表训练数据,2 代表测试数据
5      * @return frstLables 预测标签集
6      */
7     public int[] getFrstLableArray(List<DecisionStump> dsList, int dataFlag) {
8         double[] tmpLabels = new double[trainDataArray[0].length]; //double
          //型 results
9         int[] frstLables = new int[trainDataArray[0].length]; //int 型 results
10
11        double[][] curDataArray = null;
12        switch (dataFlag) {
13        case 1:
14            curDataArray = trainDataArray;
15            break;
16        case 2:
17            curDataArray = testDataArray;
18            break;
19        default:
20            break;
21        }
22
23        for (int i = 0; i < dsList.size(); i++) {
24            DecisionStump ds = dsList.get(i);
25            int featureIndex = ds.getFeatureIndex();
```

```
26            double threshold = ds.getThreshold();
27            int ltLabel = ds.getLtLabel();
28            int gtLabel = ds.getGtLabel();
29            double alphaWeight = ds.getAlphaWeight();
30
31            double[] tmpArray = curDataArray[featureIndex];
32            for (int j = 0; j < tmpArray.length; j++) {
33                if (tmpArray[j] < threshold) {
34                    tmpLabels[j] += alphaWeight * ltLabel;
35                } else {
36                    tmpLabels[j] += alphaWeight * gtLabel;
37                }
38            }
39
40            //sign函数实现二分
41            for (int k = 0; k < frstLables.length; k++) {
42                frstLables[k] = (int) Math.signum(tmpLabels[k]);
43            }
44        }
45
46        return frstLables;
47    }
```

（5）测试分类器。

```
1    /**
2     *测试分类器
3     * @param dsList 分类器
4     * @param testLabelArray 测试标签集
5     * @return result 测试结果(正确和错误数)
6     */
7    public int[] test(List<DecisionStump> dsList, int[] testLabelArray) {
8        int[] result = new int[2];
9        int rightCount = 0;
10       int errorCount = 0;
11       if (Configuration.PERCENT <= 0.9) {
```

```
12            int testDataCount = testLabelArray.length;
13            //获取多个分类器 boost 后得到的预测标签集,2 表示采用测试数据集
14            int[] frstLableArray = this.getFrstLableArray(dsList, 2);
15            for (int i = 0; i < testDataCount; i++) {
16                if (frstLableArray[i] == testLabelArray[i])
17                    rightCount++;
18                else
19                    errorCount++;
20            }
21        }
22        result[0] = rightCount;
23        result[1] = errorCount;
24        return result;
25    }
```

3. DecisionStumpClassfier 类

(1) 构建当次的决策树桩。

```
1     /**
2      * 构建当次决策树桩
3      * @param adaBoost 算法对象
4      * @param trainDataArray 训练数据
5      * @return ds 当次的决策树桩(为空表示当前最低错误率大于 0.5,使得无法构
         建决策树桩)
6      */
7     public DecisionStump constructDecisionStump(AdaBoost adaBoost, double[][]
      trainDataArray) {
8         int featureIndex = 1;                  //所选特征的索引号
9         double threshold = 0.0;                //阈值
10        int ltLabel = 0;                       //小于阈值的类别
11        int gtLabel = 0;                       //大于阈值的类别
12        double minError = Double.MAX_VALUE;    //误差率
13        double alphaWeight = 0.0;              //当前分类器的权重
14
```

```
15        //选取误差率最小的特征和阈值
16        int featureCount = trainDataArray.length;
17        int dataCount = trainDataArray[0].length;
18        int i = 1;
19        while (i <= featureCount) {
20            double[] tmpArray = trainDataArray[i - 1];//数据样本的当前所选特
              //征集合
21            double max = AlgorithmUtil.getMax(tmpArray);
22            double min = AlgorithmUtil.getMin(tmpArray);
23            double step = (max - min) / dataCount;
24            double tmpThreshold = min;
25            double tmpError1 = Double.MAX_VALUE;
26            double tmpError2 = Double.MAX_VALUE;
27            //从 min 到 max 不断增加步长,计算当前阈值下的失误率
28            while (tmpThreshold <= max) {
29                tmpArray = trainDataArray[i - 1];
30                tmpError1 = adaBoost.getError(tmpArray, tmpThreshold, -1, 1);
31                tmpError2 = adaBoost.getError(tmpArray, tmpThreshold, 1, -1);
32                if (tmpError1 < tmpError2) {
33                    if (tmpError1 < minError) {
34                        featureIndex = i - 1;
35                        threshold = tmpThreshold;
36                        ltLabel = -1;
37                        gtLabel = 1;
38                        minError = tmpError1;
39                    }
40                } else {
41                    if (tmpError2 < minError) {
42                        featureIndex = i - 1;
43                        threshold = tmpThreshold;
44                        ltLabel = 1;
45                        gtLabel = -1;
46                        minError = tmpError2;
47                    }
```

```
48                  }
49                  tmpThreshold = tmpThreshold + step;
50              }
51              i++;
52          }
53          //最低错误率应满足 0 < minError < 0.5
54          if (minError > 0 && minError < 0.5) {
55              //计算当前分类器权重
56              alphaWeight = 0.5 * Math.log((1 - minError) / minError);
57              //System.out.println("本次分类器最低错误率：" + minError);
58              //System.out.println("本次分类器权重：" + alphaWeight);
59
60              //构建当前决策树桩
61              DecisionStump ds = new DecisionStump(featureIndex, threshold,
                ltLabel, gtLabel, alphaWeight);
62              return ds;
63          }else{
64              return null;
65          }
66      }
```

(2) 打印决策树桩分类器。

```
1     /**
2      * 打印决策树桩分类器
3      * @param dsList 决策树桩集
4      * @param curNodeModel 当前数据实体
5      */
6     public void printDecisionStumpClassfier(List<DecisionStump> dsList, Node
      curNodeModel) {
7         int i = 1;
8         int dsCount = dsList.size();
9         DecimalFormat df = new DecimalFormat("#0.00");
10        System.out.println("共" + dsCount + "个决策树桩");
11        System.out.println();
12        while (i <= dsList.size()) {
```

```
13            DecisionStump ds = dsList.get(i - 1);
14            double threshold = ds.getThreshold();
15            double alphaWeight = ds.getAlphaWeight();
16            int featureIndex = ds.getFeatureIndex();
17            String feature = curNodeModel.getFeatures()[featureIndex];
18            //打印每一个决策树桩
19            System.out.println("第" + i + "个决策树桩为: ");
20            System.out.println("取的特征为:     " + feature + ",阈值为:     "
              + df.format(threshold));
21            System.out.println("     " + ds.getLtLabel() + ",\\t" + feature + "<"
              + df.format(threshold));
22            System.out.println("     " + ds.getGtLabel() + ",\\t" + feature + ">
              =" + df.format(threshold));
23            System.out.println("权重:     " + alphaWeight);
24            System.out.println();
25            i++;
26        }
27    }
```

5.3 实验数据

本文选择在公开数据集 UCI 上的 Iris 数据集(http://archive.ics.uci.edu/ml/datasets/Iris)以及一份简单的数据集。

Iris 数据集中每个数据样本均有四个属性和一个标签,表 5-2 展示了部分数据样本。

表 5-2 Iris 数据集部分数据样本

sepal_length	sepal_width	petal_length	petal_width	class
5.1	3.5	1.4	0.2	1
4.9	3.0	1.4	0.2	1
4.7	3.2	1.3	0.2	1

续表

sepal_length	sepal_width	petal_length	petal_width	class
4.6	3.1	1.5	0.2	1
7.0	3.2	4.7	1.4	2
6.4	3.2	4.5	1.5	2
6.9	3.1	4.9	1.5	2
5.5	2.3	4.0	1.3	2

另一份数据集来自《机器学习实战》第 5 章，该书作者把它用于 Logistic 回归。本文把该数据集取名为 SimpleDataSet，用于 AdaBoost。表 5-3 是该数据集的部分数据样本。

表 5-3　SimpleDataSet 数据集部分数据样本

x_axis	y_axis	class
−0.017612	14.053064	−1
−1.395634	4.662541	1
−0.752157	6.53862	−1
−1.322371	7.152853	−1
0.423363	11.054677	−1
0.406704	7.067335	1
0.667394	12.741452	−1
−2.46015	6.866805	1

5.4 实验结果

5.4.1 结果展示

对于 Iris 数据集，由于其有 4 个属性不便于可视化展示，因此我们给出经 AdaBoost 后所生成的分类器集。对于 SimpleDataSet，我们则绘制实验效果图以展示结果。

首先把 AdaBoost 用于 Iris 数据集，表 5-4 展示了所生成的分类器集，同时展示了把测试数据用于最终分类器所预测得到的正确分类和错误分类数。

表 5-4　AdaBoost 用于 Iris 数据集后生成的分类器集与测试结果

总共用时：414ms 共 14 个分类器	
第 1 个分类器为： 取的特征为：petalWidth，阈值为：1.60 1，petalWidth<1.60 −1，petalWidth≥1.60 权重：1.354025100551105	第 2 个分类器为： 取的特征为：petalLength，阈值为：4.92 1，petalLength<4.92 −1，petalLength≥4.92 权重：0.9076449833191255
第 3 个分类器为： 取的特征为：petalLength，阈值为：5.14 1，petalLength<5.14 −1，petalLength≥5.14 权重：0.703945231704386	第 4 个分类器为： 取的特征为：sepalLength，阈值为：6.51 −1，sepalLength<6.51 1，sepalLength≥6.51 权重：0.6839372392899267
第 5 个分类器为： 取的特征为：petalLength，阈值为：4.83 1，petalLength<4.83 −1，petalLength≥4.83 权重：0.429936514537254	第 6 个分类器为： 取的特征为 petalWidth，阈值为：1.71 1，petalWidth<1.71 −1，petalWidth≥1.71 权重：0.4899552768715438
第 7 个分类器为： 取的特征为：sepalWidth，阈值为：2.81 −1，sepalWidth<2.81 1，sepalWidth≥2.81 权重：0.39721503595826485	第 8 个分类器为： 取的特征为：petalWidth，阈值为：1.30 1，petalWidth<1.30 −1，petalWidth≥1.30 权重：0.3975433595017072
第 9 个分类器为： 取的特征为：petalLength，阈值为：5.14 1，petalLength<5.14 −1，petalLength≥5.14 权重：0.6062702960358095	第 10 个分类器为： 取的特征为：sepalWidth，阈值为：3.10 −1，sepalWidth<3.10 1，sepalWidth≥3.10 权重：0.4433451016170988

续表

总共用时：414ms 共 14 个分类器	
第 11 个分类器为： 取的特征为：petalWidth，阈值为：1.71 1，petalWidth<1.71 －1，petalWidth≥1.71 权重：0.3668771900466325	第 12 个分类器为： 取的特征为：sepalWidth，阈值为：2.61 －1，sepalWidth<2.61 1，sepalWidth≥2.61 权重：0.4294725865428733
第 13 个分类器为： 取的特征为：petalLength，阈值为：4.42 1，petalLength<4.42 －1，petalLength≥4.42 权重：0.4364675253599789	第 14 个分类器为： 取的特征为：petalLength，阈值为：5.14 1，petalLength<5.14 －1，petalLength≥5.14 权重：0.43145215977489
测试数据共 20 个，正确 19 个，错误 1 个	

其次，把 AdaBoost 用于 SimpleDataSet 数据集，因为该数据集只有两个属性和一个标签，便于可视化，因此我们绘制该数据集及所生成的分类器，实验效果图如图 5-3～图 5-6 所示。

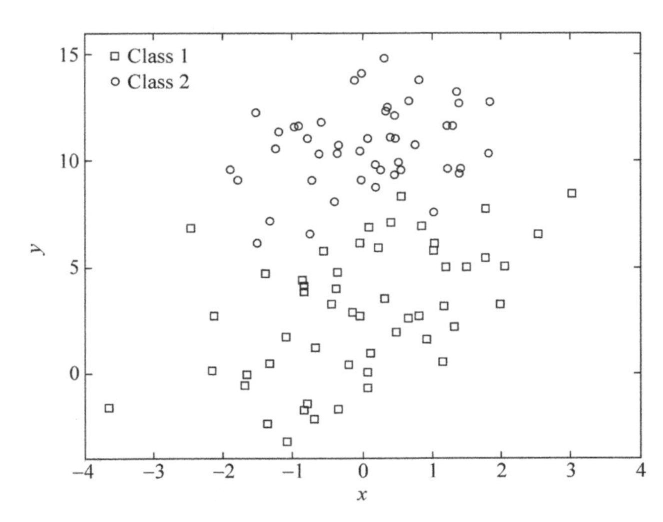

图 5-3 原始数据集

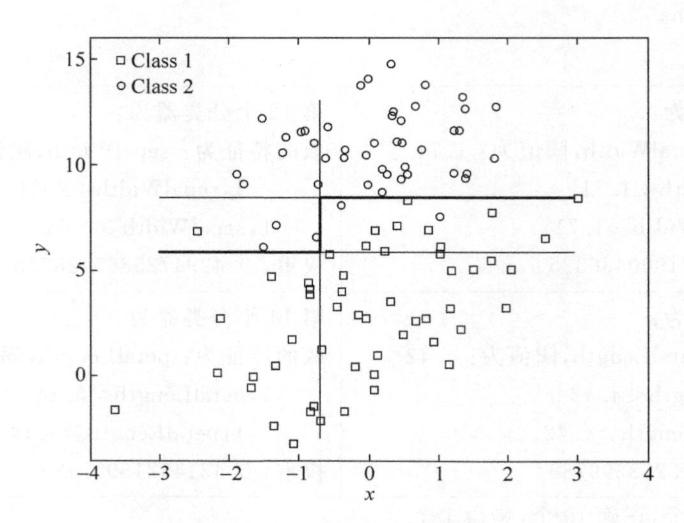

图 5-4　3 个决策树桩分类器

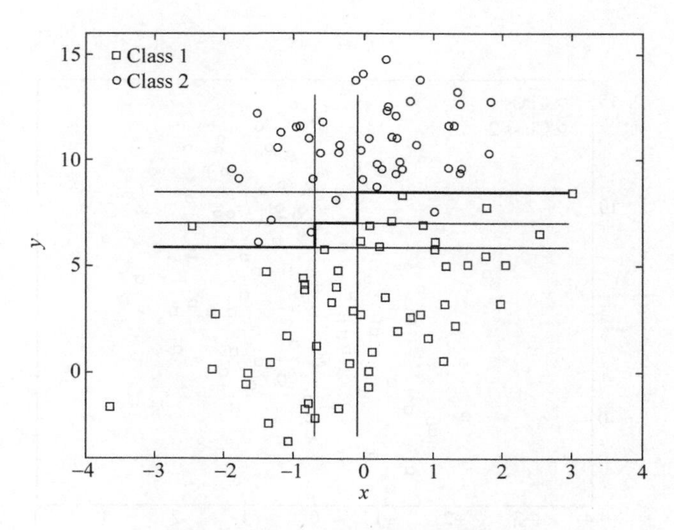

图 5-5　5 个决策树桩分类器

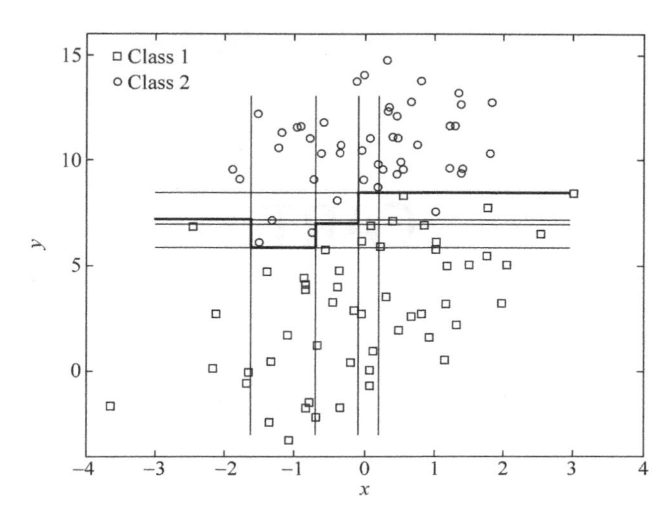

图 5-6 10 个决策树桩分类器

5.4.2 结果分析

通过所展示的结果图,可以看到随着基础分类器(黑色)的逐渐增加,所生成的综合分类器(红色)在划分数据集中的 Class 1(蓝色方形)和 Class 2(绿色圆形)时逐渐准确,这也进一步证实 AdaBoost 算法综合多个基础分类器后所取得的效果远优于一个基础分类器。

AdaBoost 算法最开始仅用于解决二分类问题,后扩展到解决多分类问题。当数据样本具有多个类别时,可采用两种方式将其转换为二分类问题。一种方式是把训练样本某一类当成一类,剩下的几类归为同一类;另一种方式是选择训练样本某一类当成一类,再选择另外的某一类自成一类。不管哪种方式,AdaBoost 均会根据类别两两组合情况生成多个最终分类器,并基于“多数表决”的规则把全部分类器所预测的最多类别作为当前数据样本类别。

第6章

CART

6.1 CART 算法原理

还记得第 3 章刚开始吗？心理测试好做，但是关键是这些题怎么出才准确？答案是将被测试的群体量化得当并且区别有方。有没有方法挑选最具区别性的问题？答案之一是条件熵——C4.5。答案之二是基尼系数——CART。与 C4.5 相比，小改动，大不同，带来回归的应用和动态拟合的简单方法。

6.1.1 算法引入

在生活中，如果知道了一个人在公司的工作时间、公司的年利润，如何去预测他的工资呢？如表 6-1 所示，有一些假设的案例。

表 6-1 工资与工作时间、公司利润关系表

工作时间/年	公司年利润/(万元/年)	工资/(元/月)
4	600	8000
4	1000	11 000
10	800	12 000

续表

工作时间/年	公司年利润/(万元/年)	工资/(元/月)
7	400	7000
8	450	8500
…	…	…
6	400	?

现在要预测一个工作时间为 6 年,公司年利润 400 万元的人每月应得多少工资,面对这样一个问题,可以使用决策的方法解决。但这同时又是一个回归问题,仅使用决策的方法并不能得到更为具体的答案。因此,我们使用决策树中的 CART 算法构建回归树模型进行预测。如图 6-1 所示,回归树就是一棵二叉树,树节点被其对应的特征取值切分为两个分支。预测时,从根节点开始,根据节点对应特征的取值进入相应的分支区域,达到叶子节点就能得到预测值。

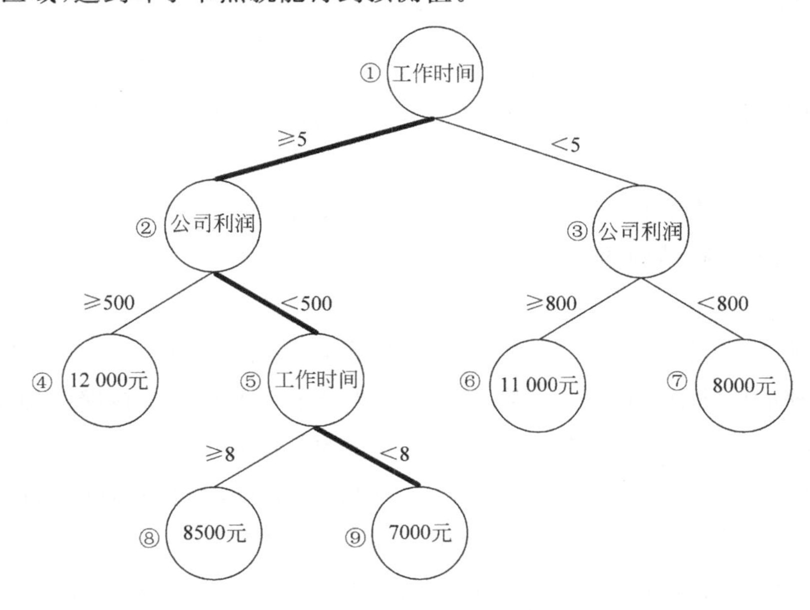

图 6-1 回归树模型图

图中加粗的路线表示预测的过程,首先判断根节点的待输入特征是工作时间,为 6 年,于是从根节点 1 出发,进入左分支节点 2。以此类推,然后根据公司年利润为 400 万,进入节点 5。最后再依据工作时间为 6 年进入叶节点 9,预测出这个人的工资为每月7000元。

6.1.2 科学问题

1. 相关理论

针对上述问题，即利用样本数据集D构建回归树(Regression Tree，RT)，再将预测用例输入树模型中求解目标变量。CART算法构建的回归决策树为一个二叉树，其节点取值是“大于”和“小于等于”，节点的左分支是“大于”的分支，右分支是“小于等于”的分支。因此，CART算法采用的即是递归地对每个特征进行二元切分，然后根据输入的特征值预测输入样本的结果。

2. 问题定义

本节详细介绍回归树算法的输入输出，以及一些相关定义。回归树算法是CART算法中针对回归预测的部分，该算法最终构建一个树状结构的模型，被称为回归树。

输入：训练样本数据D(特征可以为连续型数据)

输出：二叉树状结构的回归树模型

相关定义：

(1) 回归树。是一个二叉树状结构模型，除叶节点外每个节点均有且只有两个子节点，分别形成该节点的左子树和右子树。当子节点不再需要被继续切分时，可以一个单值作为该节点的值，通常取剩余目标变量的平均值。

(2) 待切分的特征feature。除叶节点外的每个节点，都有其对应的特征被进行切分。对于每一个节点，使用遍历的方式选择最合适的特征。

(3) 待切分的特征值value。选择了节点的切分特征，还需要选择最合适的特征值进行切分。特征值的选择也使用遍历的方式。

(4) 最小均方误差。对于每一次选择的特征与特征值进行数据切分，都会计算切分后的均方误差，以均方误差最小的选择作为该节点的特征与特征值。最小均方误差的计算公式：

$$\min_{f,v}\left\{\min_{e_1}\sum_{x_i\in R_1}(y_i-e_1)^2+\min_{e_2}\sum_{x_i\in R_2}(y_i-e_2)^2\right\} \tag{6-1}$$

其中，f 和 v 表示特征和特征值，x_i 和 y_i 是样本数据的输入和输出，R_1 和 R_2 是该节点切分后的左右子树集，e_1 和 e_2 表示切分后左子树和右子树的平均值。该公式计算了两个子树的目标变量值与平均值的误差，误差越小，表示切分的效果越好。上述 e 的计算公式为：

$$e=\frac{\sum_{x_i\in R}y_i}{|R|} \tag{6-2}$$

6.1.3 算法流程

1. 构建回归树

本算法使用递归的方法构建回归树，从根节点开始，以深度优先的方式进行节点切分。其核心是在对每一个节点进行切分时，遍历所有输入的特征 feature 和其特征值 value，按照每一个(feature，value)将数据集切分成两个子树。重复该步骤，选择最佳切分特征与特征值。需要注意的是，在递归的过程中，该节点是叶子节点时，停止迭代。

2. 选择最佳特征

在构建回归树的过程中，对于一个需要切分的节点，选择特征 feature 和特征值 value，将数据集中特征 feature 的值大于等于 value 的一部分作为该节点的左(右)子树，小于 value 的一部分作为该节点的右(左)子树。再根据公式(6-1)计算左右子树的总均方误差，选择总均方误差最小的一次切分作为该节点的最佳切分方式。

3. 停止条件

在选择最佳特征时，会存在如下情况，使节点不再切分，转而成为回归树的叶子节点。

(1) 所有目标变量 y 值相等时；

(2) 切分后的总误差下降值小于设定的误差参数 E；

(3) 切分后的数据集样本数量小于设定数量 N。

当确定某节点为叶子节点时，可使用当前剩余数据集中目标变量 y 的平均值作为叶子节点的值。

6.1.4 算法描述

算法 6-1 CART 算法。

输入：训练样本数据 $D=\{(x_{11},\cdots,x_{1n},y_1),(x_{21},\cdots,x_{2n},y_2),\cdots,(x_{m1},\cdots,x_{mn},y_m)\}$；

最小误差下降值 E；

允许的切分后样本数 N；

过程：constructTree(D, E, N)

1： **if** D 中目标变量 y 值相等时；**return**

2： **end if**

3： 计算切分前 D 的误差 error

4： **for** $i=1,2,\cdots,n$ **do**

5： **for** $j=x_{1i},x_{2i},\cdots,x_{mi}$ **do**

6： 根据 i 和 j 对 D 切分出节点的左右子集 D_1、D_2

7： 计算切分后的子集 D_1、D_2 总均方误差 newError

8： **end for**

9： **end for**

10：选择最小的 newError 作为 minError 及对应的 D_1、D_2 与 i、j

11： **if** minError < error **then**

12： D_1、D_2 作为待划分集合，i、j 为节点特征 feature 和特征值 value，生成节点

13：**else return**

14： **end if**

15：**if** 切分后的总误差下降值 error－minError $< E$；**return**

16：**end if**

17：**if** 切分后的数据集D_1或D_2样本数量$<N$；**return**

18：**end if**

19：constructTree(D_1,E,N),constructTree(D_2,E,N)

输出：回归树模型。

6.1.5 补充说明

1. 树剪枝

对于回归树模型，如果树中的节点太多，就会造成过拟合的现象，从而降低预测的准确率。面对这样的情况，通常采用剪枝的方法来降低其复杂程度。树的剪枝又分为预剪枝和后剪枝。

预剪枝是在树的构建过程中进行处理。其原理是在树的构建中就知道哪些节点可以被剪掉，从而不需要对该节点继续分裂。6.1.3 节提到的停止条件就是一种预剪枝技术，如所有目标变量 y 值相等时、切分后的总误差下降值小于设定的误差参数以及切分后的数据集样本数量小于设定数量，当满足上述条件时，算法会停止节点分裂，直接返回叶子节点。

后剪枝是在回归树构建好以后进行修剪。其原理是在完整的树模型上，通过一定的裁剪方法，得到一个更为简洁的树模型。常用的后剪枝方法有错误率降低剪枝(Reduced-Error Pruning)、悲观剪枝(Pessimistic Error Pruning)和代价复杂度方法(Cost-Complexity Pruning)。这里简单介绍一下错误率降低剪枝方法，由底向上删除节点，使该节点的父节点成为叶子节点，再通过验证集合测试裁剪后的预测效果。如果裁剪后的效果比原效果更好，才真正删除此节点。

在回归树的构建中，可以将两种剪枝技术同时使用。

2. 模型树

在回归树模型的叶子节点中，取值为叶子节点中目标变量的均值，这种方法并不是最准确的。模型树的方法是在回归树的基础上，将叶子节点中的数据进行线性拟合，形成一个线性模型。即叶子节点不再存储一个单值，而是一个线性模型。该方法可以更有效地减小计算误差。

6.2 CART 算法实现

6.2.1 简介

本节展示了算法实现的流程图和核心类。如图 6-2 所示，是算法实现的流程，包含算法实现的类和函数。

如表 6-2 所示为算法的核心类及其描述。

表 6-2 类名称及其描述

类 名 称	类 描 述

Example	（描述样本数据）
	成员变量：
	`private ArrayList<Double> x;        //属性值`
	`private double y;                    //目标值`

Node	（描述树结构中的节点信息）
	成员变量：
	`private double feature;     //特征`
	`private double value;       //特征值`
	`private Node leftNode;      //左子节点`
	`private Node rightNode;     //右子节点`

续表

类 名 称	类 描 述

Regression Tree	（描述回归树算法）
	函数：
	`/** 构造回归树 */`
	`public Node constructTree(ArrayList<Example> exampleList, double E, double N){ … }`
	
	`/** 二元切分数据集 */`
	`public HashMap<String, ArrayList<Example>> divideDataSet(ArrayList<Example> exampleList, int feature, double value){ … }`
	
	`/** 选择最佳切分 */`
	`public HashMap<String, Object> selectBestPartition(ArrayList<Example> exampleList, double E, double N){ … }`

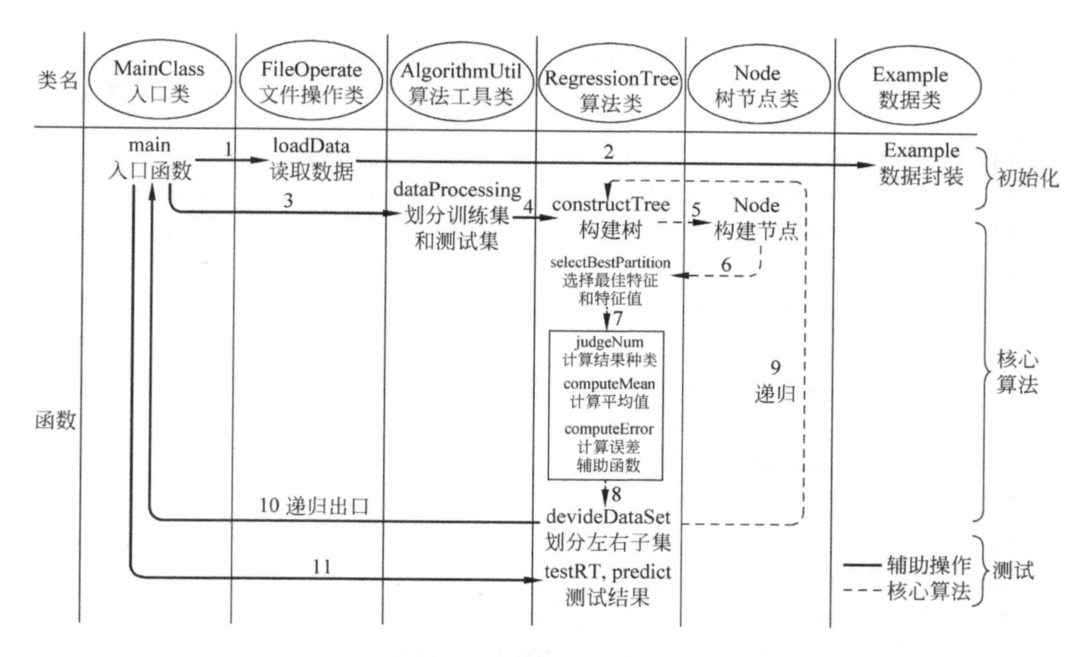

图 6-2 算法设计流程图

Example是存储单个数据的类,包含属性变量x_i与目标变量y。Node是存储节点信息的类,包含该节点的特征、特征值、左子节点以及右子节点。RegressionTree是用于构建回归树的类,包括递归构建树的外层函数、将数据集切分为左右子树的函数以及选择最佳特征和特征值的函数。

6.2.2 核心代码

RegressionTree类中存在下述三个函数constructTree()、devideDataSet()和selectBestPartition()。首先是构造回归树的外层函数constructTree(),其具体如下。

```
1    /**
2      * 构造回归树
3      * @param exampleList 训练集
4      * @param E 允许的误差下降值
5      * @param N 切分的最少样本数
6      * @return node 树的根节点
7      */
8    public Node constructTree(ArrayList<Example> exampleList) {
9              HashMap < String, Object > partition = selectBestPartition
               (exampleList);//划分特征
10       int feature = (Integer) partition.get("feature");     //特征
11       double value = (Double) partition.get("value");       //特征值
12       Node node = new Node();                               //节点
13
14       //停止条件: 为叶子节点时
15       if (feature == -1) {
16             node.setFeature(feature);
17             node.setValue(value);
18             return node;
19       }
20
21       //得到划分后的子数据集
22       HashMap<String, ArrayList<Example>> dataSetMap =
         divideDataSet(exampleList, feature, value);
```

```
23        ArrayList<Example> leftList = dataSetMap.get("leftList");
24        ArrayList<Example> rightList = dataSetMap.get("rightList");
25
26        //递归构建树
27        Node leftNode = constructTree(leftList);     //构建左子树
28        Node rightNode = constructTree(rightList);   //构建右子树
29        node.setLeftNode(leftNode);
30        node.setRightNode(rightNode);
31        node.setFeature(feature);
32        node.setValue(value);
33
34        return node;
35    }
```

该函数中包含两个参数容许的最小误差下降值 E 和容许切分后的最少样本数 N，这两个参数在选择最佳切分特征时作为停止条件。从根节点开始，该函数调用 selectBestPartition()选择最佳的切分特征和特征值，然后使用 devideDataSet()按该切分特征对数据集进行切分，其后根据切分后的数据集，递归构建该节点的左右子树。需要注意的是，当该节点是叶子节点时，满足停止条件，不再进行递归。

devideDataSet()函数是对数据集进行二元切分的函数，其具体如下。

```
1     /**
2      * 二元切分
3      * @param exampleList 训练集
4      * @param feature 特征
5      * @param value 特征值
6      * @return dataSetMap 封装的左右子集
7      */
8     public HashMap<String, ArrayList<Example>> divideDataSet(
9         ArrayList<Example> exampleList, int feature, double value) {
10        HashMap<String, ArrayList<Example>> dataSetMap = new HashMap<String,
          ArrayList<Example>>();//存储左右子树
11        ArrayList<Example> leftList = new ArrayList<Example>();
          //左子树
12        ArrayList<Example> rightList = new ArrayList<Example>();
          //右子树
```

```
13
14      //二元划分类别
15      for (int i = 0; i < exampleList.size(); i++) {
16          Example example = exampleList.get(i);
17          if (example.getX().get(feature) > value) {//大于 value 时
18                  leftList.add(example);          //添加进左子树
19          } else {                                //小于等于 value 时
20              rightList.add(example);             //添加进右子树
21          }
22      }
23
24      //装载子树
25      dataSetMap.put("leftList", leftList);
26      dataSetMap.put("rightList", rightList);
27
28      return dataSetMap;
29  }
```

devideDataSet()函数按选定的特征 feature 和特征值 value 将数据集 exampleList 切分为左右子树。切分方式为特征值大于 value 的数据,被划入左子树,否则进入右子树。

selectBestPartition()是选择最佳特征和特征值的函数,其具体如下。

```
1   /**
2    * 选择最佳划分
3    * @param exampleList 训练集
4    * @param E 允许的误差下降值
5    * @param N 切分的最少样本数
6    * @return partition 最佳的划分方式
7    */
8   public HashMap<String, Object> selectBestPartition(
9           ArrayList<Example> exampleList) {
10      HashMap<String, Object> partition = new HashMap<String, Object>();
        //返回值
11      int feature = 0;      //特征
12      double value = 0;     //特征值
```

```
13          double error = 0;                                    //基础误差
14          double minError = Double.MAX_VALUE;                  //最小误差
15          int length = 0;                                      //特征长度
16          HashMap<String, ArrayList<Example>> dataSetMap = new HashMap<String,
            ArrayList<Example>>();                               //数据集字典
17          ArrayList<Example> leftList = new ArrayList<Example>();//左子树
18          ArrayList<Example> rightList = new ArrayList<Example>();//右子树
19
20          //停止条件：只有一种剩余结果
21          if (judgeNum(exampleList)) {
22              feature = -1;
23              value = computeMean(exampleList);
24              partition.put("feature", feature);
25              partition.put("value", value);
26              return partition;
27          }
28
29          //循环计算最佳特征和特征取值
30          error = computeError(exampleList);                   //基础误差
31          length = exampleList.get(0).getX().size();           //特征长度
32          for (int i = 0; i < length; i++) {                   //第 i 个特征
33              for (int j = 0; j < exampleList.size(); j++) {   //第 j 个数据
34              double devideValue = exampleList.get(j).getX().get(i);
35              dataSetMap = divideDataSet(exampleList, i, devideValue);//二元划分
36              leftList = dataSetMap.get("leftList");
37              rightList = dataSetMap.get("rightList");
38
39              //不满足条件时
40              if((leftList.size() < Configuration.N) || (rightList.size()<
                Configuration.N))
41                  continue;
42
43              double newError = computeError(leftList)
44                      + computeError(rightList);               //划分后的误差
45              if (newError < minError) {
```

```
46                  feature = i;
47                  value = devideValue;
48                  minError = newError;
49              }
50          }
51      }
52  
53      //停止条件：误差下降太少
54      if (error < minError || (error - minError) < Configuration.E) {
55          feature = -1;
56          value = computeMean(exampleList);
57          partition.put("feature", feature);
58          partition.put("value", value);
59          return partition;
60      }
61  
62      //停止条件：切分后的数据集太小
63      if ((leftList.size() < Configuration.N) || (rightList.size() <
    Configuration.N)) {
64          feature = -1;
65          value = computeMean(exampleList);
66          partition.put("feature", feature);
67          partition.put("value", value);
68          return partition;
69      }
70  
71      partition.put("feature", feature);
72      partition.put("value", value);
73      return partition;
74  }
```

在选择特征和特征值时，循环遍历所有的特征 feature 和其特征值 value，按选定的(feature，value)方式对数据集切分，并计算切分后的总均方误差。遍历完所有的特征和特征值后，选择误差最小的一对(feature，value)，作为该节点的最佳切分特征和特征值。其中，下述代码中存在三个停止条件。第一是数据集中剩余的目标变量 y

只有一种结果时，不再进行切分，直接返回叶子节点。第二是切分后的单个数据集大小不满足设定的 N，因此就不应该进行切分。第三是选择的最佳方式切分后，误差的下降值低于设定的 E，则切分的效果不理想，因此也不能按此方式切分，而直接创建叶子节点。

补充一些函数的内部实现，分别是计算数据集中目标变量 y 的平均值函数 computeMean()，计算数据集的总方差函数 computeError()，以及判断剩余数据集目标变量是否只有一种结果的函数 judgeNum()。

```
1    /**
2     * 计算平均值
3     * 不再切分数据时，得到目标变量均值
4     */
5    public double computeMean(ArrayList<Example> exampleList){
6        double mean = 0;
7
8        //计算均值
9        for (int i = 0; i < exampleList.size(); i++) {
10           mean += exampleList.get(i).getY();
11       }
12       mean/ = exampleList.size();
13
14       return mean;
15   }
16
17   /**
18    * 计算总方差
19    * 总方差越小，表示样本点离散程度越小
20    */
21   public double computeError(ArrayList<Example> exampleList){
22       double variance = 0;//方差
23       double mean = computeMean(exampleList);//平均值
24
25       //求总方差
26       for (int i = 0; i < exampleList.size(); i++) {
```

```
27            variance += Math.pow(exampleList.get(i).getY() - mean, 2);
28        }
29
30        return variance;
31    }
32
33    /**
34     * 判断剩余结果是否只有一种
35     */
36    public boolean judgeNum(ArrayList<Example> exampleList){
37        boolean flag = true;                //只有一种剩余结果
38        HashSet<Double> resultSet = new HashSet<Double>();//结果集
39
40        for (int i = 0; i < exampleList.size(); i++) {
41            if(resultSet.size()>1){     //存在一种以上剩余结果
42                flag = false;
43                break;
44            }else{
45                resultSet.add(exampleList.get(i).getY());
46            }
47        }
48
49        return flag;
50    }
```

6.3 实验数据

本实验将使用 UCI 公开数据集 airfoil_self_noise(翼型自噪声)，该数据集的下载地址是 http://archive.ics.uci.edu/ml/datasets/Airfoil+Self-Noise。本数据集是 NACA 在 2014 年发布的一组关于 0012 翼型机在不同风洞速度和角度的数据，数据统计如表 6-3 所示。

表 6-3 数据统计信息

数 据	统 计 值
Example	1503
Training Set	1200
Test Set	303
Range of y	103.38～140.987
attributes	6

该数据集包含 6 个属性，分别是频率、角度、弦长、自由流速度、吸力侧位移厚度以及输出的 y 值声压等级。

6.4 实验结果

6.4.1 结果展示

本实验将容许的误差下降值 E 设为 0.01，切分后的最少样本数 N 设为 4，预测结果展示如表 6-4 所示。

表 6-4 CART 算法部分预测结果比较

真 实 值	预 测 值
118.214	120.131 777 777 777 8
118.964	120.131 777 777 777 8
120.484	120.131 777 777 777 8
122.754	120.131 777 777 777 8
114.085	114.442 750 000 000 03
117.875	114.442 750 000 000 03
121.165	124.969 259 259 259 29
122.435	124.969 259 259 259 29
117.054	117.504 666 666 666 7
133.553	132.425 499 999 999 97
120.798	117.504 666 666 666 7

续表

真实值	预测值
118.018	120.424 207 547 169 8
…	…
平均误差：2.529 132 580 886 035 4	

该表展示的是部分数据的预测结果和真实结果的比较，通过实验结果看出，回归树预测的 y 值平均误差为 2.529 132 580 886 035 4。

6.4.2 结果分析

上述实验数据的目标变量 y 的取值范围为 103.38～140.987，预测的平均误差在 2.529 13 左右，是在一个可接受的范围内。

对于一些较为复杂的线性关系或非线性关系的数据，在一般的线性回归模型无法较好解决的情况下，可以使用 CART 算法构造回归树模型。回归树模型将上述数据进行分段处理，形成树的分支。预测时，根据树节点的分支，不断地决策，得到最终结果。但是，预先设定的参数 E 和 N 对树的构建非常敏感。因此，合理的参数选择对结果的预测也有着关键的作用。

第7章

K-Means

7.1　K-Means 算法原理

如果明知道样本分为几类，如何划分？要在每个簇中找个标兵（或者空间坐标），如何定标兵？迭代找同类，同类找中心（Means）。如何确定标兵？两次标兵位移足够少说明标兵基本就是簇的中心。

7.1.1　算法引入

近年来，随着电子商务的迅速发展，个性化推荐系统的研究越来越受到重视。如何通过用户数据找到消费习惯不同的人群，进而向他们推荐定制化的商品，是当前研究的热门话题。例如，在我们未知这些人群应该属于哪些群体时，可以通过用户的年龄阶段、平均消费等指标进行观察，进而他们聚成不同的群体，例如学生、上班族、土豪等。部分用户的年龄、平均消费情况如表 7-1 所示。

表 7-1 部分用户的年龄、平均消费情况

用户	年龄	平均消费
A	18	300
B	21	250
C	28	800
D	32	1200
E	40	3000
F	45	2800
…	…	…

为了更加清楚地体现表 7-1 中用户的年龄、平均消费等情况，图 7-1 对各年龄段的消费分布进行了可视化呈现。

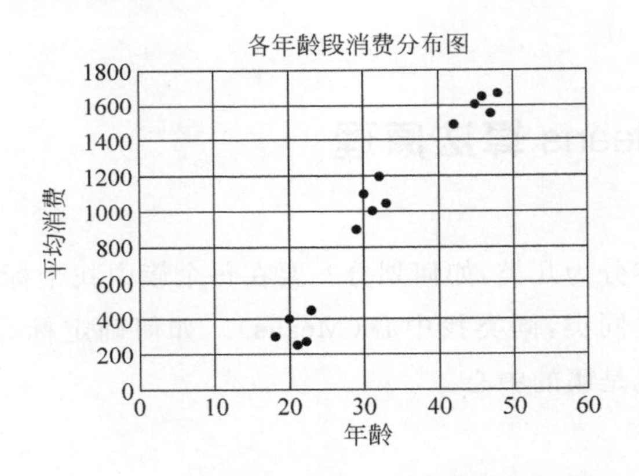

图 7-1 部分用户各年龄段消费分布图

由于没有参考的学习样本，即不知道所有人应该属于何种类别，采用以前使用的分类算法时，没有参考的依据，这时仅通过观察经验知道人群中所有人可以分为几大类的情况下，可以采用 K-Means 等“聚类”算法完成人群的归类区分。聚类与分类算法的区别主要就在于，分类的目标是事先已知的，而聚类的类别是没有预先设定的。

通过观察图 7-1，不难发现这部分人群可以被聚成三类，之后便可以对聚好类的人群打上标签，有针对性地对不同的人群推荐商品、投放广告等。那么如何根据这些人的个人数据完成将他们聚成几类的任务，下面将详细介绍 K-Means 算法用以解决这个问题。

7.1.2 科学问题

K-Means 算法是一种无监督的学习，被称为 K-Means 是因为它可以自发地将很多样本聚成 k 个不同的类别，例如上文中提到的不同人群。每一个类别即为一个簇，并且簇的中心是由簇中所有点的均值计算得出的。

给定样本集 $D=\{x_1,x_2,\cdots,x_n\}$，x_i 是一个 m 维的向量，代表样本集中的每一个样本，其中，m 表示样本 x 的属性个数。例如，上文中提到的 A，B 等人分别代表一个样本，其样本由两个属性构成，即 $D=\{(18,300),(21,250),\cdots\}$。

聚类的目的是将样本集 D 中相似的样本归入同一集合。我们将划分后的集合称为簇，用 G 表示，其中，G 的个数用 k 来表示。每个簇有一个中心点，即簇中所有点的中心，称为质心，用 u_k 表示。

因此，K-Means 算法可以表示为将 $D=\{x_1,x_2,\cdots,x_n\}$ 划分为 $G=\{G_1,G_2,\cdots,G_k\}$ 的过程，每个划分好的簇中的各点，到质心的距离平方之和称为误差平方和，即 SSE(Sum of Squared Error)为

$$\mathrm{SSE}=\sum_{i=1}^{k}\sum_{\boldsymbol{x}\in G}\|\boldsymbol{x}-\mu_k\|^2$$

因此 K-Means 算法应达到 $G_1,G_2,\cdots,G_k$ 内部的样本相似性大，簇与簇之间的样本相似性小的效果，即尽可能地减小 SSE 的值。

输入为：样本集 D，簇的数量 k。

输出为：$G=\{G_1,G_2,\cdots,G_k\}$，即 k 个划分好的簇。

7.1.3 算法流程

(1) 首先，选定 k 的值。

(2) 在样本集 D 中，随机选择 k 个点作为初始质心，即$\{\mu_1,\mu_2,\cdots,\mu_k\}$。

(3) 计算 D 中每个样本 x_i 到每个质心 μ_j 的距离，计算距离的公式如下

$$l_i=(x_i-\mu_j)^2$$

(4) 若 l_i 的距离最小，则将 x_i 标记为簇 G_j 中的样本，即 $G_j=\{x_i\}$。

(5) 将所有样本点分配到不同的簇后，计算新的质心，即 G_j 中所有点的平均值 $\mu_j'=\frac{1}{|G_j|}\sum_{x\in G_j}\boldsymbol{x}$，并计算误差平方和。

(6) 比较前后两次误差平方和的差值和设定的阈值，若大于阈值，则重复步骤(3)～(5)。

(7) 若误差平方和的变化小于设定的阈值，说明聚类已完成。

7.1.4 算法描述

算法 7-1 K-Means 聚类算法。

输入：样本集 $D=\{x_1,x_2,\cdots,x_n\}$，簇数 k，阈值 ε

过程：

1： 在样本集 D 中随机选取 k 个质心 μ_k

2： **repeat**

3： 令 G_i 为空集

4： **for** i=1,2,…,n, **do**

5： 计算 x_i 与 μ_k 之间的距离，若 x_i 到 μ_j 的距离最近，则将 x_i 标记为 G_j 中的样本，$G_j=\{x_i\}$

6： **end for**

7： **for** j=1,2,…,k **do**

8： 计算新的质心，μ_j'和当前的误差平方和 SSE′

9： **if** SSE′－SSE＞ε **then**

10： 将当前质心更新为 $\mu'_j=\frac{1}{|G_j|}\sum_{x\in G_j}\boldsymbol{x}$

11： **else**

12： 保持质心不变

13： **end if**

14： **end for**

15： **until** SSE′－SSE＜ε

输出：划分好的簇 $G=\{G_1,G_2,\cdots,G_k\}$

7.1.5 补充说明

1. 质心的选择

质心的选择通常情况下有两种，一种是在所有的样本点中随机选择 k 个点作为初始质心，即本文中所选择的方法。另一种是在所有样本点属性的最小值与最大值之间随机取值，这样初始质心的范围仍然在整个数据集的边界之内。

2. 收敛条件

本文中应用的收敛条件为最小平方误差，即 SSE 的前后变化小于某一阈值。也可通过质心的前后变化小于某一阈值来判断算法收敛。注意阈值的设定不要过小，否则会迭代次数过长，也可以像本文代码中一样设置一个最大迭代次数作为限制。

3. 非数值类型数据的处理

在 K-Means 算法中，所输入的数据均为数值类型。每个样本实际上是一种向量，是一种数学抽象。现实世界中很多属性是可以抽象成向量的，比如上文中所提到的年龄、收入等，之所以要抽象成向量的目的就是让计算机知道某两个属性间的距离。比如，我们认为，20 岁的人离 25 岁的人的距离要比离 12 岁的距离要近，帽子这个商品离衣服这个商品的距离要比手机要近，等等。

因此，如果我们所分析的数据集并非都是数值型的数据，那么就需要用户提前对数据进行处理，将其转换数值类型。

4. 算法调优——后处理

由于 K-Means 算法中的 k 值需要手动设定，因此我们难以判断选择的 k 值是否正确，通常我们用误差平方和(及上文中提到的 SSE)作为评价标准，下面将介绍利用 SSE 对聚类结果进行后处理的方法。

观察图 7-2，可以发现虽然已经得到了三个簇，但是分类结果并不理想。这是因为 K-Means 算法容易陷入局部最小值。

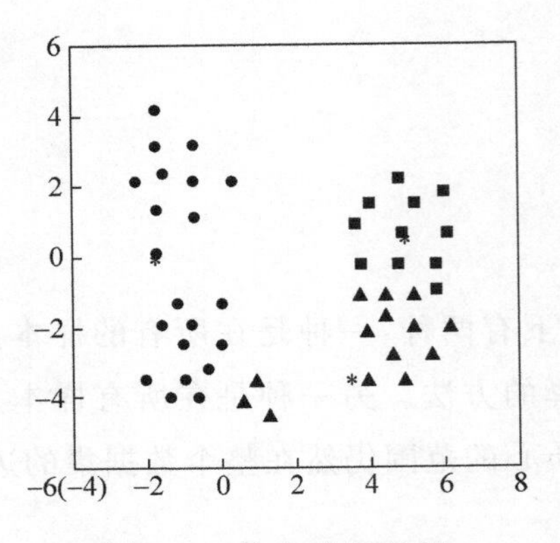

图 7-2 某次聚类结果

(1) 将 SSE 最大的簇划分为两个簇

通过观察会发现,图 7-2 中圆形的簇中各点离质心距离之和相对较远,因此可以将该簇中的点取出,单独运行 K-means 算法,将其重新划分为两个簇。

(2) 将两个簇合并

为了保持划分的簇数不发生改变,可以将两个簇进行合并。合并时,可以选择直接将最近的两个质心合并,也可以合并两个使得 SSE 增幅最小的簇,即合并所有可能的两个簇并计算 SSE 值,进行比较,直到找到最优解。

经过后处理后,图 7-2 中的聚类结果如图 7-3 所示。

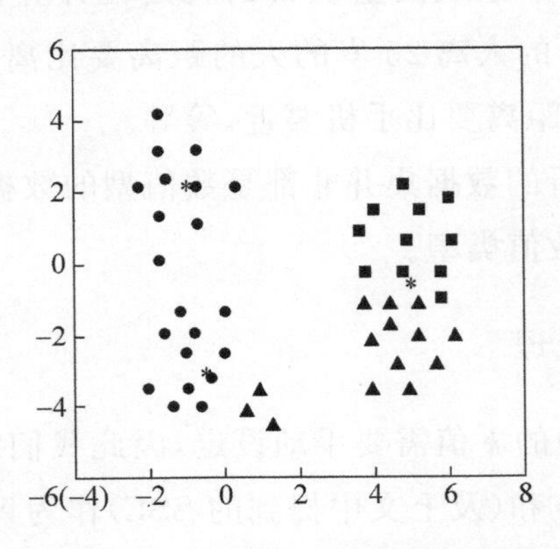

图 7-3 后处理后的聚类结果

7.2 K-Means 算法实现

7.2.1 简介

图 7-4 所示为算法设计的主要流程。

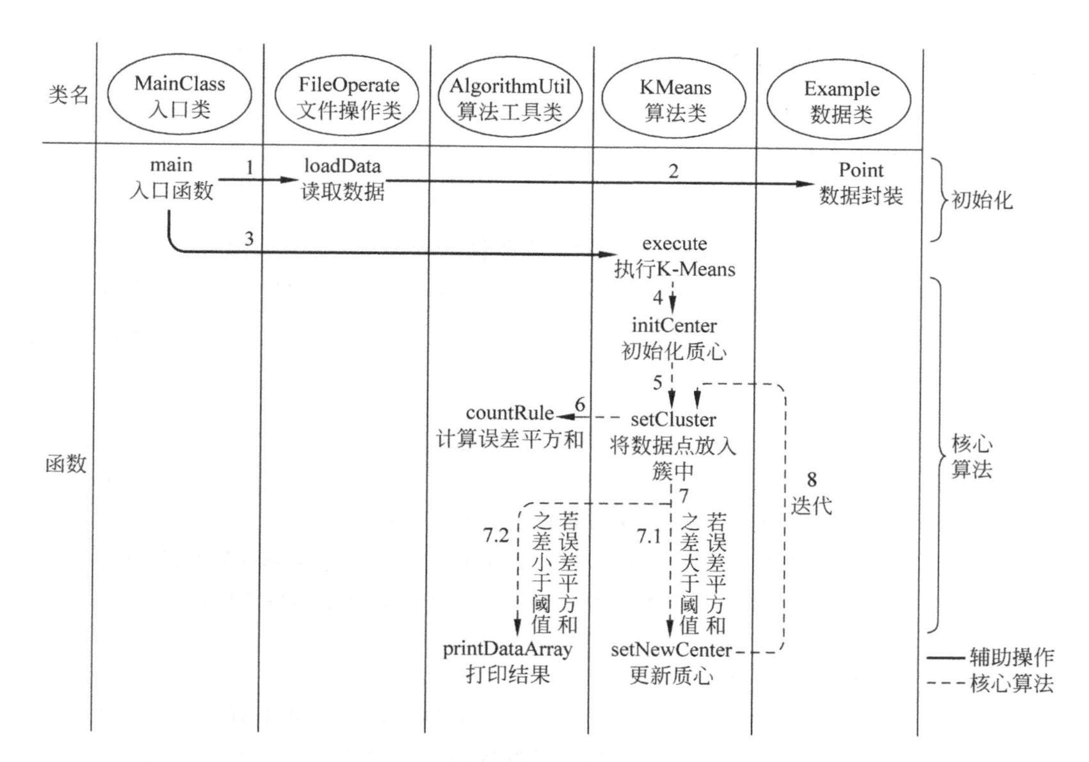

图 7-4 算法设计的主要流程图

类名称及其描述如表 7-2 所示。

表 7-2 类名称及其描述

类 名 称	类 描 述

Example	（描述数据集中的样本点）
	成员变量：
	private double[ ] attributes; //数据点的属性集合
	private int index; //标志所属簇的索引
	函数：
	public Example setAttributes(double[ ] attributes) { … }

KMeans	（描述算法流程） 函数： / ** 初始化质心，在数据集中随机选择 k 个点作为初始质心 * / public ArrayList < ExampleF > initCenter (ArrayList < Example > dataList, int k) { … } / ** 初始化 k 个簇 * / public ArrayList < ArrayList < Example >> initCluster(int k) { … } / ** 将样本点放进距离最近的质心相关的簇 * / public ArrayList < ArrayList < Example >> setCluster(ArrayList < Example > dataList, ArrayList < Example > center, int k) { … } / ** 更新质心 * / public ArrayList < Example > setNewCenter (ArrayList < Example > dataList, int k, ArrayList < ArrayList < Example >> cluster) { … } / ** 执行算法 * / public void execute(ArrayList < Example > dataList, int k) { … }

续表

类 名 称	类 描 述
AlgorithmUtil	（描述算法中用到的工具类） 函数： /** 计算样本点到质心的距离 */ public static double distance(Example element, Example center) {…} /** 获得数据集中距离质心最近的样本点位置 */ public static int minDistance(Double[] distance) {…} /** 计算两点间平方误差 */ public static double errorSquare(Example element, Example center) {…} /** 计算平方误差和 */ public static void countRule(ArrayList<ArrayList<Example>> cluster,ArrayList<Example> center,ArrayList<Double> jc) {…} /** 打印数据集 */ public static void printDataArray(ArrayList<Example> dataArray, String dataArrayName) {…}

7.2.2 核心代码

1. initCenters

在数据集的样本点中，随机选择 k 个点，作为初始的质心。

```
1    /**
2      * 初始化存放质心的动态数组，分成多少簇就有多少个质心
3      *
4      * @return 中心点
5      */
6        public ArrayList<Example> initCenter(ArrayList<Example> dataList, int
         k) {
```

```
7            ArrayList<Example> center = new ArrayList<Example>();
8            boolean flag;
9            int j;
10           Random random = new Random();
11           int[] randoms = new int[k];
12           int dataListLength = dataList.size();
13           //实际随机的是下标
14           int temp = random.nextInt(dataListLength);
15           randoms[0] = temp;
16           for (int i = 1; i < k; i++) {
17               flag = true;
18               while(flag) {
19                   temp = random.nextInt(dataListLength);
20                   j = 0;
21                   //判断重复
22                   while(j < i) {
23                       if(temp == randoms[j]) break;
24                       j++;
25                   }
26                   if(j == i) {
27                       flag = false;
28                   }
29               }
30               randoms[i] = temp;
31           }
32
33           for (int i = 0; i < k; i++) {
34               center.add(dataList.get(randoms[i]));//生成质心的动态数组
35           }
36           //输出初始的随机质心
37           System.out.println("初始化的随机质心为: ");
38           for (int i = 0; i < center.size(); i++) {
39               for (int j1 = 0; j1 < center.get(0).getAttributes().length;
                 j1++) {
40                   System.out.print(center.get(i).getAttributes()[j1]
                     +" ");
```

```
41                }
42                System.out.println();
43            }
44
45        return center;
46    }
```

2. setCluster

将数据集中的每个样本点,放入距离最近质心的相关簇中。

```
1    /**
2     * 核心,将当前元素放到最小距离中心相关的簇中
3     * @param center
4     */
5       public ArrayList<ArrayList<Example>> setCluster(ArrayList<Example>
        dataList, ArrayList<Example> center, int k) {
6
7           ArrayList<ArrayList<Example>> cluster = initCluster(k);//初始化簇
8           double[] distance = new double[k];
9
10          //将每个数据集元素划分到不同的簇中
11          for (int i = 0; i < dataList.size(); i++) {
12              for (int j = 0; j < k; j++) {
13                  distance[j] = AlgorithmUtil.distance(dataList.get(i),
                    center.get(j));
14                  //System.out.println(distance[j]);
15              }
16              int minLocation = AlgorithmUtil.minDistance(distance);
17              cluster.get(minLocation).add(dataList.get(i));
18          }
19          return cluster;
20      }
```

3. setNewCenter

取簇中所有点的平均值，作为新的质心。

```
1    /**
2     * 设置新的簇心的方法
3     * @return
4     */
5       public ArrayList<Example> setNewCenter(ArrayList<Example> dataList,
        int k,ArrayList<ArrayList<Example>> cluster) {
6           ArrayList<Example> centers = new ArrayList<>();
7
8           for (int i = 0; i < k; i++) {
9               Example newCenter = new Example();
10              int n = cluster.get(i).size();
11              if(n != 0) {
12                  int attrLength = dataList.get(0).getAttributes().length;
13                  double[] attrList = new double[attrLength];
14                  for (int j = 0; j < attrLength; j++) {
15                      for (int x = 0; x < n; x++) {
16                          //计算每个点的特征属性值之和分别取均值
17                          attrList[j] += cluster.get(i).get(x)
                            .getAttributes()[j];
18                      }
19                      attrList[j] /= n;
20                  }
21                  newCenter.setAttributes(attrList);
22                  centers.add(newCenter);
23              }
24          }
25          System.out.println("更新后的随机质心为：");
26          for (int i = 0; i < centers.size(); i++) {
27              for (int j1 = 0; j1 < centers.get(0).getAttributes().length;
                j1++) {
```

```
28                      System.out.print(centers.get(i).getAttributes()[j1]
                        +" ");
29                  }
30                  System.out.println();
31              }
32          return centers;
33      }
```

4. execute

执行 K-Means 算法。

```
1   /**
2     * 执行 K-Means 算法
3     * @param k
4     * @param dataList
5     */
6       public void execute(ArrayList<Example> dataList, int k) {
7           ArrayList<Example> center = initCenters(dataList,k);//初始化质心
8           ArrayList<ArrayList<Example>> cluster = new ArrayList<>();//初始化簇
9           ArrayList<Double> SSE = new ArrayList<Double>();//误差平方和
10          int iter = 0;//iter 为迭代次数
11
12          //循环分组,直到误差不再变化或超过最大迭代次数
13          while(iter <= Configuration.MaxIter) {
14
15              cluster = setCluster(dataList,center,k);
16              alUtil.countRule(cluster, center, SSE);//计算平方误差
17
18              //误差不变,分组完成
19              //m 的非零判断很重要
20              if(iter != 0) {
21                  System.out.println("平方误差之和为: " + SSE.get(iter));
```

```
22                          System.out.println();
23                              if(Math.abc(SSE.get(iter) - SSE.get(iter - 1))<
                                Configuration.THRESHOLD){
24                                 break;
25                          }
26                      }
27                      center = setNewCenter(dataList,k,cluster);
28                      iter++;
29                      System.out.println("当前为第" + iter + "次迭代");
30                      }
31
32                  for(int i = 0;i<cluster.size();i++){
33                         AlgorithmUtil.printDataArray(cluster.get(i),"cluster[" + I
                          + "]");
34                  }
35                  System.out.println("note:the times of repeat:iter = " + iter);
                    //输出迭代次数
36          }
```

7.3 实验数据

为了便于展示,将采用一个常用的二维数据集——4k2_far 作为测试样本。样例如表 7-3 所示。

表 7-3 测试样本集的部分样例

x_1	x_2
7.1741	5.2429
6.914	5.0772
7.5856	5.3146
6.7756	5.1347
…	…

其中,x_1,x_2 表示数据集中样本的属性。数据集的大致分布如图 7-5 所示。

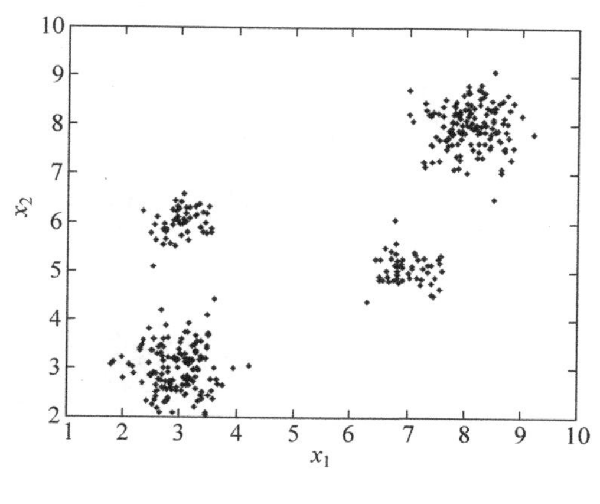

图 7-5　数据集

除此之外，一些经典数据集例如 Iris、Wine、Glass 等，也适用于作为聚类算法的测试数据。

7.4　实验结果

7.4.1　结果展示

通过图 7-6 可以观察发现，随着不断的迭代，质心也不断地接近每个簇的中心位置。

7.4.2　结果分析

K-Means 的优点主要体现在算法简单、容易实现等方面。而在实际情况中，K-Means 有一些明显的缺点需要注意。

1. k 值的选择

由于 k 值需要用户自己设定，因此在高维属性的数据集中，难以确定数据集应该

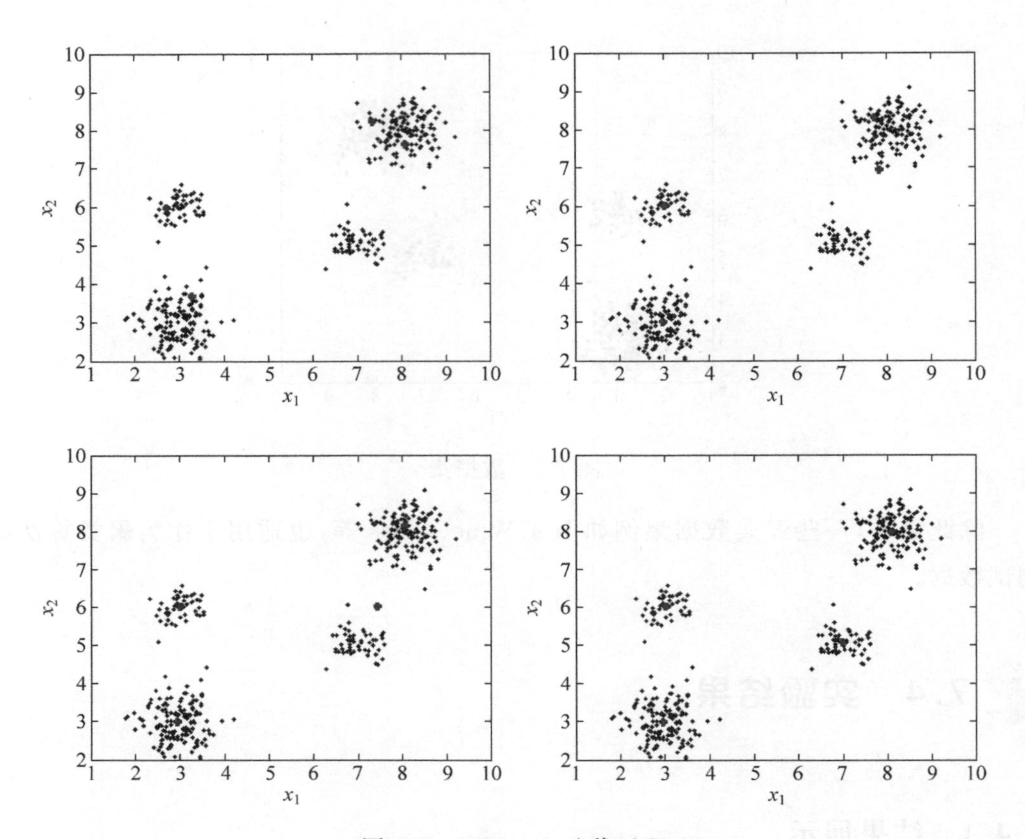

图 7-6 K-Means 迭代过程

被聚为几类，而 k 值的选择会对聚类效果造成很大的影响。

在通常情况下，一般会采用多次变化 k 值，观察其聚类效果的方法。但此方法不适用于大型数据集。

2. 质心的选择

在初始质心的选择上，一般采用随机的方法，这同样会对聚类的效果造成影响。若随机选择的质心过于偏离，甚至会出现空簇的现象。

处理选取初始质心问题的一种常用技术是：多次运行，每次使用一组不同的随机初始质心，然后选取具有最小 SSE(误差的平方和)的簇。这种策略简单，但是并且耗时，并且效果可能不好，这取决于数据集和寻找的簇的个数。

第8章

Apriori

8.1 Apriori 算法原理

有 100 张超市购物清单，每单有十几个商品，如何从中找到两个最常用的组合？第一步，找被买最多的商品以及它们的单子；第二步，在这些单子中找下一个最多的商品以及它们的单子，于是就有了这个频繁项集，加上一个迭代和更改下上文的阈值，这就是 Apriori。

8.1.1 算法引入

大多数人都有过去肯德基点餐的经历。如图 8-1 所示，可能会点鸡翅＋薯条，也可能会点汉堡＋可乐。但是，从消费者的角度选择套餐往往会比单点更加划算。另一方面，从商家的角度，怎么从消费者的行为习惯中去发现“套餐”不仅可以促进消费，还能在一定程度上增加客户的忠诚度？

那么，如果读者是肯德基的产品经理，读者会如何从以往客户的点餐行为中挑出最受欢迎的单品组合来作为套餐呢？首先，能想到的是，商品被点量最高的前几个是可以加入套餐的。这就是一种频繁项集的思想。假设今天上午的销售记录如下

图 8-1 肯德基点餐图

所示。

(1) 汉堡、可乐。

(2) 汉堡、鸡翅、薯条。

(3) 薯条、鸡翅。

(4) 汉堡、鸡翅、薯条、可乐。

我们会发现薯条的出现次数非常频繁，在 4 次交易中出现了 3 次，出现概率为 3/4＝0.75。那么在薯条出现的组合里，鸡翅最多。此时读者一定确信把汉堡加入肯德基套餐是没有问题的。因此，我们可以通过找到频繁项来确定制定套餐的内容。当知道了薯条一定是可以加入套餐的，那么另一个问题来了，读者可能会关心，如果顾客点了薯条，那么接下来他会点什么？能跟薯条频繁搭配的商品有哪些？读者现在关心的问题正是薯条→X。这样的规则，我们称之为关联规则。综上所述，为了找到合适的肯德基套餐制定方案，需要先整理一些交易记录(数据集)，接着需要分析频繁项集(比如上述的薯条、汉堡)，最后根据得到的频繁项集生成关联搭配信息(比如薯条→可乐)，最后恭喜读者，套餐制定完成了。这样一种思想，在机器学习中正是

Apriori 的思想。

8.1.2 科学问题

1. 相关理论

Apriori 算法是一种通过频繁项集来挖掘关联规则的算法。既可以发现频繁项集,又可以挖掘物品之间的关联规则。分别采用支持度和置信度来量化频繁项集以及关联规则。

2. 问题定义

定义 1:支持度(Support),用于量化频繁项集。事件 A 与事件 B 同时出现的概率,表示为 $P(A\cap B)$。揭示事件集$\{A,B\}$的频繁程度,若支持度越高,则事件集$\{A,B\}$越频繁。

$$P(A\cap B)=\frac{AB\text{ 同时出现的次数}}{A\text{ 出现的次数}} \tag{8-1}$$

定义 2:量化关联规则:置信度(Confidence)事件 A 发生时,事件 B 发生的概率。揭示事件 A 与事件 B 的关联程度,若置信度越高,则 A 事件发生,B 事件也发生的可能性越大。

$$P(B\mid A)=\frac{P(A\cap B)}{P(A)}=\frac{\text{Support}(AB)}{\text{Support}(A)} \tag{8-2}$$

如果事件 A 中包含 k 个元素,那么称这个事件 A 为 k 项集,并且事件 A 满足最小支持度阈值的事件称为频繁 k 项集。使用最小支持度 α 和最小置信度 β 来进行过滤。其中,K 频繁项集集合表示为 $L_k=\{A_1,A_2,\cdots,A_n\}$。

8.1.3 算法流程

1. 生成频繁项集

Apriori 算法使用频繁项集的先验知识,使用一种称作逐层搜索的迭代方法,k 项集用于探索$(k+1)$项集。具体流程如下。

(1) 扫描商品交易记录(条目),找出所有长度为1的集合C_1并筛选出满足最小支持度的集合记作L_1。

(2) 通过L_k项集迭代生成L_{k+1}项集,直到所有C_{k+1}项集都不满足最小支持度即$L_{k+1}\to\varnothing$则结束迭代。

特别注意:在(2)中,设L_k长度为N,则L_{k+1}项集的备选个数为C_N^{k+1}。Apriori算法由L_k生成L_{k+1}主要通过连接和剪枝两步来连接并减少迭代次数。具体如下。

(1) 连接步:对于L_k,其中$k>1$,取前$k-1$项子集两两相比,若相等则直接合并两项。例如$L_2=\{\{0,1\},\{0,2\},\{1,2\}\}$,对其生成$C_3$候选集进行拼接。如果将每两个集合合并,则会得到$\{0,1,2\}$、$\{0,1,2\}$、$\{0,1,2\}$三次重复结果。如果只比较集合前$k-1$项子集,即第一个元素相同的集合进行并集,一次操作则生成$\{0,1,2\}$,减少了大量不必要的操作。

(2) 剪枝步:首先,给出性质1:任一非空频繁项集的子集必是频繁的。那么反之,任一非频繁项集的超集也是非频繁的。因此,使用最小支持度来过滤非频繁项集能够提高算法的效率。下面列举说明,实际应用。

图8-2详细介绍候选集C_3的生成过程:连接步由L_2自连接生成的元素不重复集合,得到{{鸡翅、汉堡、可乐},{鸡翅、汉堡、薯条},{鸡翅、可乐、薯条}、{汉堡、可乐、

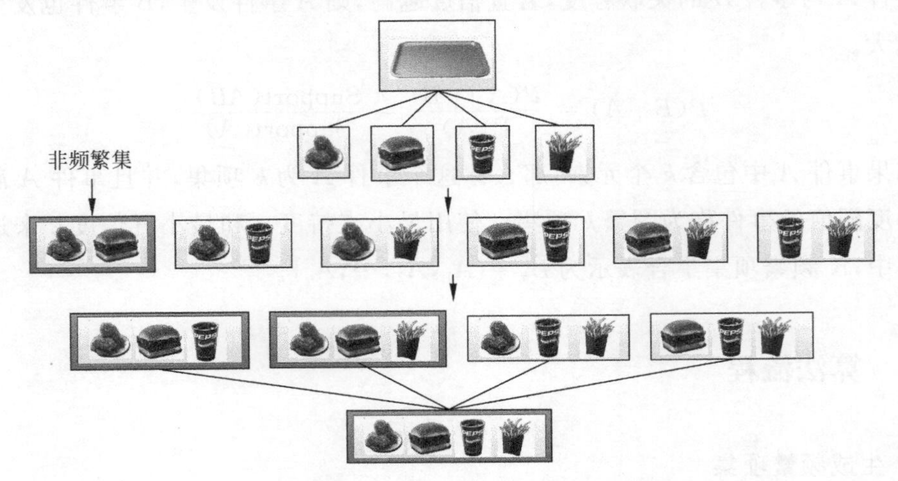

图8-2 频繁项集生成流程图

薯条}}。已知阴影项集{鸡翅、汉堡}是非频繁的。利用性质 1,含有{鸡翅、汉堡}的项集也都是非频繁的。则可以将 C_3 中的{鸡翅、汉堡、可乐}、{鸡翅、汉堡、薯条}删除得到 L_3。因此,删除{鸡翅、汉堡},使得 $C_2 \rightarrow L_2$,这样就不用再计算{鸡翅、汉堡、可乐}、{鸡翅、汉堡、薯条}、{鸡翅、汉堡、可乐、薯条},避免了项集数目呈指数增长。

2. 挖掘关联规则

上一小节中,得到频繁项集 set$=\{L_1,L_2,\cdots,L_k\}$。那么这些频繁项集内部的元素有怎样的关系呢?例如,其中一个频繁项集{汉堡、可乐},那么一个人买了汉堡再点一杯可乐的概率多大?反之,买了可乐再点一个汉堡的可能性又有多大?这就需要挖掘频繁项集元素中的关联规则。8.1.2 节中提到置信度为关联规则的量化方法。那么,已知频繁项集,怎么挖掘关联规则呢?

从一个频繁项集中可以产生多少条关联规则?为了找到有趣的关联规则,不妨先生成一个包含所有可能的规则表,如果测试规则可信度不满足最小要求,则去掉该规则。关联规则产生步骤如下。

(1) 对于每个频繁项集 item,找出所有非空真子集 subset。

(2) 使用所有非空真子集生成规则可能集合,并使用最小置信度 min_conf 过滤规则。

$A \rightarrow B$ 的置信度为:

$$\text{confidence}(A \rightarrow B) = P(B \mid A) = \text{Support}(AB)/\text{Support}(A) \tag{8-3}$$

因此,对于每个非空真子集 subset,如果

$$\text{Confidence}(\text{subset}) = \text{Support}(\text{item})/\text{Support}(\text{subset}) \geqslant \text{min\_conf} \tag{8-4}$$

则输出 subset→(item−subset)。

如图 8-3 所示,假设{鸡翅、汉堡、可乐、薯条}是其中一项频繁项集,对其挖掘关联规则。令{鸡翅、汉堡、可乐、薯条}为 U,首先找到 U 的所有非空子集 subset,再根据{{U-subseti}→{subseti}}推出所有规则。候选规则的过滤:类似于频繁项集的生成,图中阴影规则{{鸡翅、汉堡、可乐}→{薯条}}不满足最小支持度要求,那么所有右半部分带有{薯条}的超集都不满足最小支持度要求。

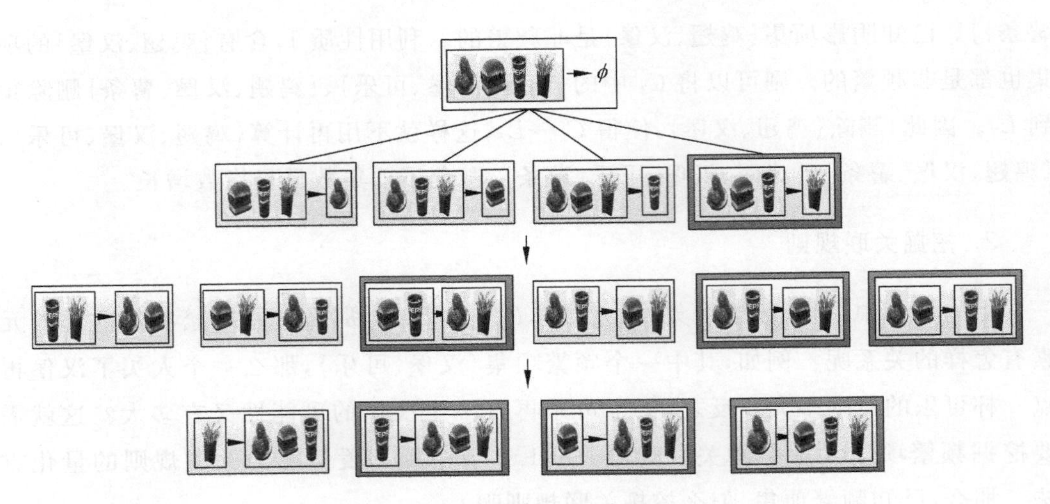

图 8-3 关联规则生成图

8.1.4 算法描述

算法 8-1 Apriori 算法。

输入：历史集合的集合 record={trans_1,trans_2,…,trans_i}；

　　初始可调参数最小支持度 α，最小置信度 β；

1：初始化 L 为空

2：扫描 record，将所有不重复元素 v_i 放入集合 C_1 中

3：　**if** C_1 非空 **then**

4：　　**for** $v_i \in C_1, i=1,2,\cdots,n$ **do**

5：　　　根据公式(1)计算支持度 support

6：　　　**if** support$(v_i)<\alpha$ **then**

7：　　　　从 C_1 中剔除 v_i 得到 L_1

8：　　　**end if**

9：　　**end for**

```
10:   end if
11:   repeat 令 L_{k-1}不为空
12:       将 L_{k-1}拼接为 C_k
13:       检查 C_k支持度满足条件,得到 L_k
14:       k=k+1
15:   until
16:   for L_i in L_k do
17:     for  item  in  L_i do
18:         生成其非空子集,拼接规则候选表 R_k
19:     end for
20:   end for
21:   for rule in R_k do
22:   根据公式(2)计算置信度
23:       if conf(rule)<β then
24:           将 rule 从 R_k 中剔除
25:       end if
26:   end for
```

输出:频繁项集 $L=\{L_1,L_2,\cdots,L_k\}$,以及对应关联规则

8.2 Apriori 算法实现

8.2.1 简介

本节展示了算法实现的流程图和核心类。如图 8-4 所示,是算法实现的流程,包含算法实现的类和函数。

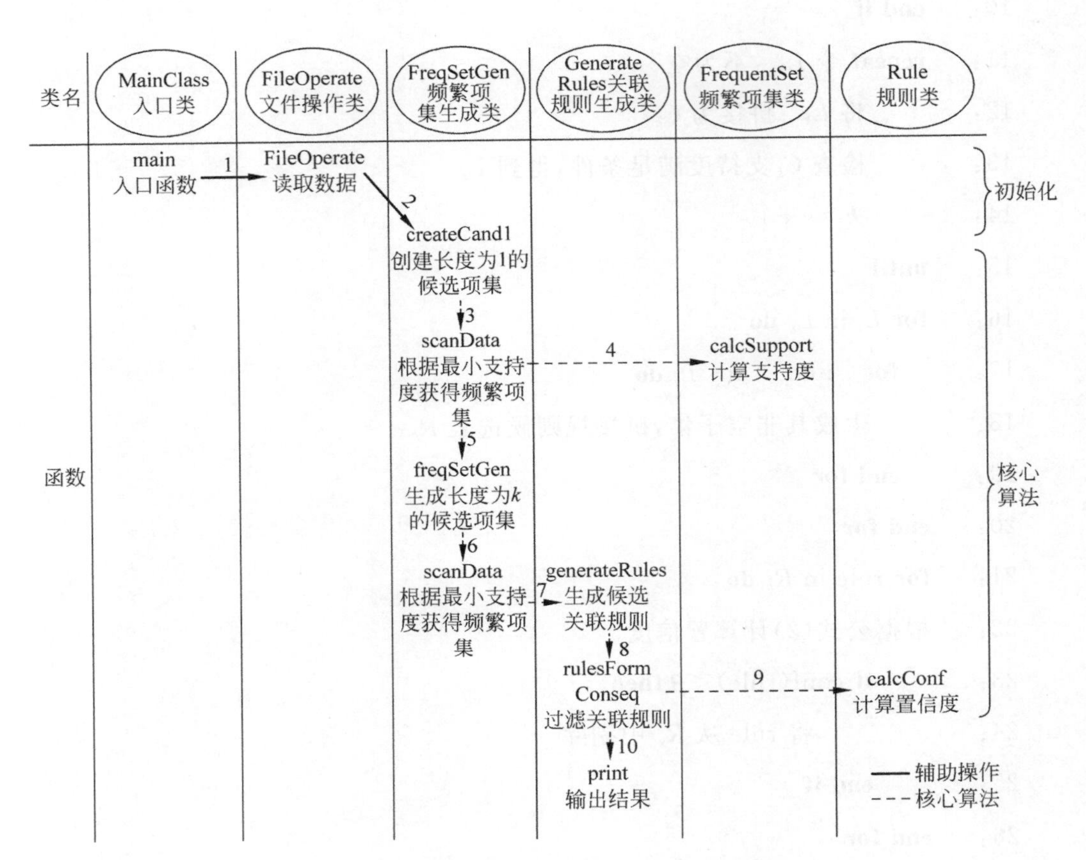

图 8-4　算法设计流程图

表 8-1 所示为算法的核心类及其描述。

表 8-1　类名称及类描述

类　名　称	类　描　述

FrequentSet	（描述频繁项集）
	成员变量：
	`private ArrayList<String> cand;　　//候选项集`
	`private double support;　　　　　//候选项集支持度`

续表

类 名 称	类 描 述

Rule	(描述关联规则)
	成员变量:
	`private ArrayList<String> cand;          //当前候选项`
	`private ArrayList<String> left;          //规则左边`
	`private ArrayList<String> right;         //规则右边`
	`private double conf;                      //置信度`

FreqSetGen	(描述频繁项集生成算法)
	`public class FreqSetGen { … }`
	函数:
	`/** 辅助扫描数据集函数 */`
	`private ArrayList<FrequentSet> scanData(ArrayList<FrequentSet> candidates, ArrayList<ArrayList<String>> dataSet) { … }`
	`/** 生成长度为 k+1 的频繁项集 */`
	`private ArrayList<FrequentSet> freqSetGen(ArrayList<FrequentSet> inputCand, int lenLk) { … }`

RulesGen	(描述关联规则生成算法)
	`/** 关联规则生成类 */`
	`public class RulesGen { … }`
	函数:
	`/** 生成候选规则 */`
	`private void rulesFormConseq(Rule rule) { … }`

8.2.2 核心代码

FreqSetGen 类中有一个辅助扫描函数方法,具体如下。

```
1    /**
2        * 根据最小支持度过滤频繁项集
3        * @param candidates  候选集
4        * @param dataSet 数据集
5        * @return
6        */
7      private ArrayList < FrequentSet > scanData ( ArrayList < FrequentSet >
candidates, ArrayList < ArrayList < String >> dataSet) {
8             ArrayList < FrequentSet > cand = new ArrayList < FrequentSet >();
9             for (int j = 0; j < candidates. size(); j++) {
10                candidates. get(j). calcSupport(dataSet);
11                  if (candidates. get(j). getSupport() > Configuration. MIN_
                    SUPPORT) {
12                    cand. add(candidates. get(j));
13                }
14            }
15            return cand;
16       }
```

在构造 C_1 时对数据集生成不重复的元素集合。

FreqSetGen 类中有一个函数是生成 k 频繁项集 L 的代码，其具体如下。

```
1    /**
2        * 生成长度为 k + 1 的候选项集
3        * @param inputCand 第 k 次
4        * @param lenLk k + 1
5        * @return
6        */
7     private ArrayList < FrequentSet > freqSetGen ( ArrayList < FrequentSet >
      inputCand, int lenLk) {
8             ArrayList < FrequentSet > retList = new ArrayList < FrequentSet >();
9             for (int i = 0; i < inputCand. size(); i++) {
10                List < String > tempL1 = new ArrayList < String >();
11                List < String > tempL2 = new ArrayList < String >();
```

```
12                for (int j = i + 1; j < inputCand.size(); j++) {
13                    //如果不是 L1
14                    if (lenLk > 2) {
15                        FrequentSet c1 = inputCand.get(i);
16                        FrequentSet c2 = inputCand.get(j);
17                        tempL1 = c1.getCand().subList(0, lenLk - 2);
18                        tempL2 = c2.getCand().subList(0, lenLk - 2);
19                        if(AlgorithmUtil.compare(tempL1, tempL2)){
20                            //取交集
21                            ArrayList<String> temp = new ArrayList<String>();
22                            temp.addAll(c1.getCand());
23                            temp.addAll(c2.getCand().
24                              subList(lenLk - 2, c2.getCand().size()));
25                            FrequentSet cand = new FrequentSet();
26                            cand.setCand(temp);
27                            retList.add(cand);
28                        }
29                    }else {
30                        //如果为 L1,则直接两两拼接
31                        ArrayList<String> L2 = new ArrayList<String>();
32                        L2.add(inputCand.get(i).getCand().get(0));
33                        L2.add(inputCand.get(j).getCand().get(0));
34                        FrequentSet cand2 = new FrequentSet();
35                        cand2.setCand(L2);
36                        retList.add(cand2);
37                    }
38                }
39            }
40            return retList;
41        }
```

RulesGen 类中有一个生成候选规则方法，具体如下。

```
1    /**
2       * 生成关联规则
3       * @param dataSet 数据集
4       */
5    public void generateRules(ArrayList<ArrayList<String>> dataSet) {
6             //得到初始规则
7             ArrayList<Rule> rules = new ArrayList<Rule>();
8             for (int i = 0; i < candidates.size(); i++) {
9                 ArrayList<String> cand = candidates.get(i).getCand();
10                Rule rule = convertToRule(cand, new ArrayList<String>());
11                rules.add(rule);
12            }
13            //生成规则保存在 bigList 中
14            for (int i = 0; i < rules.size(); i++) {
15                if(rules.get(i).getLeft().size() >= 2) {
16                    rulesFormConseq(rules.get(i), dataSet);
17                }
18            }
19       }
```

8.3 实验数据

实验数据来自于 Roberto Bayardo 对 UCI 蘑菇数据的解析，将每个蘑菇样本转换为一个特征集合，将每个样本对应的特征值转换成数值数据。Frequent Itemset Mining Dataset Repository 下载地址为：http://fimi.ua.ac.be/data/。

数据描述：该数据集包括 23 种肋形蘑菇的样品的描述，每个物种被确定为绝对可食用，绝对有毒，或具有未知的可食性，不推荐。指南明确指出，没有特定的规则能够完全确定蘑菇是否可以食用。具体特征描述参见 UCI 蘑菇数据网站：http://archive.ics.uci.edu/ml/datasets/mushroom。

8.4 实验结果

8.4.1 结果展示

当最小支持度为 0.5,最小置信度为 0.7 时,结果如表 8-2 所示。

表 8-2 最小支持度为 0.5,最小置信度为 0.7 时的频繁项集

L_1	L_2	L_3	L_4
{34,36,}	{34,36,59,}	{34,36,59,85,}	{34,36,59,85,86,}
{34,59,}	{34,36,85,}	{34,36,59,86,}	{34,36,85,86,90,}
{34,63,}	{34,36,86,}	{34,36,85,86,}	{34,36,85,86,39,}
{34,67,}	{34,36,90,}	{34,36,85,90,}	{34,59,85,86,90,}
{34,76,}	{34,36,39,}	{34,36,85,39,}	{34,63,85,86,90,}
{34,85,}	{34,59,85,}	{34,36,86,90,}	{34,85,86,90,39,}
{34,86,}	{34,59,86,}	{34,36,86,39,}	{34,85,86,90,24,}
{34,90,}	{34,59,90,}	{34,59,85,86,}	{34,85,86,90,53,}
…	…	…	

生成部分规则如表 8-3 所示。

表 8-3 部分生成规则

1 项→2 项	2 项→1 项	1 项→3 项	2 项→2 项
36→3459	3686→34	90→856 334	3485→9063
34→3659	3486→36	34→856 390	8690→3463
34→3685	3436→86	34→859 063	8690→6334
36→5934	3690→34	85→903 463	3490→6386
34→5936	3490→36	90→346 386	3486→6390
36→8534	3436→39	85→906 334	3490→8663
85→3436	3485→59	34→906 385	3486→9063
36→3485	3486→59	34→908 563	8586→3467
…	…	…	…

8.4.2 结果分析

data/mushroom.txt 下第一列中 1 为可食用，2 为有毒。2～23 分别表示蘑菇的外部特征。8.4.1 节中结果展示了在支持度为 0.5 的情况下生成的频繁项集集合。例如频繁项集{34,36}，表明蘑菇拥有特征 34 时，通常也拥有特征 36（具体特征说明见 UCI 毒蘑菇数据集介绍）。

实验证明，Apriori 算法能够对标称型数据或数值型数据生成频繁项集，并生成对应关联规则。但是随着基础样本空间（即不重复元素个数）的增加，Apriori 生成的总样本空间（基础样本空间生成的全组合）呈指数级增长，因此，Apriori 的运行效率会大大下降，运行速度缓慢。

第9章

PageRank

9.1 PageRank 算法原理

如何在一个有向图中给每个点的重要性打个分，就比如给互联网上各个网页打分确定重要性，这时超链接就是边，网页就是图中的点。被指向多的点，也就是入度大的点必定更重要。但是网页构成的图一般都是循环图，用普通的图遍历方式来统计入度会陷入无休止的循环中。PageRank 的思路就是一次又一次地全体更新（转移矩阵叠乘），直到收敛到一个合适的范围为止。PageRank 的计算迭代方式多种多样（各种各样的迭代算法、误差函数和阈值定法，各种冠上随机游走之名的图迭代 rank），形变神不变。

如果读者对大学时学的线性代数和矩阵分析等知识还有印象的话，可能会发现 PageRank 的计算过程不就是用幂方法来求链接矩阵的主特征向量（最大特征值对应的特征向量）吗？是的，其实链接矩阵主特征向量中的元素正是各个节点的 PageRank 值。为什么会是这样？其实也不难理解，PageRank 和主成分分析（PCA）如出一辙。对于一个 N 个节点的网络来说，连接矩阵 A 可以看作是 N 维线性空间上的 N 个向量，每个向量表示一个节点与其他节点之间的连接关系。显然，这样的连接关系非常复杂，难以理清。但如果我们能抓住其主要方面，让连接关系能体现在一个主要变量上,问题就迎刃而解了。连接矩阵主特征向量正是我们要寻找的这个关键变量,其代表了连接关系的最主要方向(成分),也最能反映连接关系的本质。对于小规模的矩阵来说,主特征向量可以通过特征分解来求得。然而,PageRank 所处理的网络数据,往往具有百万以上的维度。特征分解过程中需要对矩阵求逆,其计算代价过于庞大。PageRank 利用幂方法来求特征向量大大提高了计算效率。

9.1.1 PageRank 算法引入

为了更好地理解 PageRank,下面从一个简单的例子出发。如图 9-1 所示,小明在不认识 B 和 D 的情况下,如何判断 B 和 D 谁的信用更高呢?从图中可知,A 和 C 是小明的朋友,且 C 信用度好而 A 信用度不好,按照生活经验小明会觉得 D 的信用度会更高。在这个案例中,当你认识的朋友信誉度都高的时候,不依靠其他判断条件,你的信誉度也会高,反之亦然,这也是 PageRank 算法的一个特性。

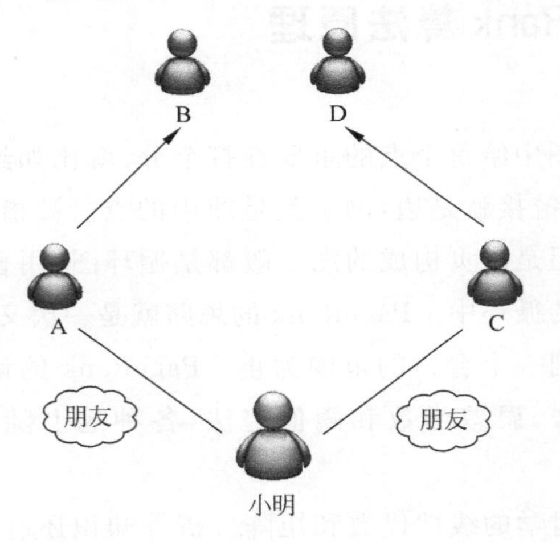

图 9-1 好友关系图

生活中关于 PageRank 算法的应用有很多,最常见的就是网页排序。当在搜索引擎中输入想要查找的内容时,搜索引擎返回一些地址链接。这些搜索结果的前几页,甚至是前几个就能满足我们的搜索需求,而且这些给出的靠前的网页地址,也是相对来说比较具有权威性的地址链接。那么我们就会不禁自问:这么多相关的网页链接,搜索引擎是根据什么来决定这些网页的前后顺序的呢?

在互联网发展的初期，整个互联网中的网页是相对有限的，所以，就有相关的人专门来对一些网页进行人工的分类和一些权威性的估值。慢慢地，人们发现采用人工的方式是特别不明智的，因为随着网页的数量越来越多，付出的人力是巨大的，而且人为评定是存在一些争议和不公平性的。后来，人们就根据用户搜索的关键字与网页的相关程度来返回网页链接的排名，这个方式流行并使用了一段时间后，相关设计人员又发现，相关度的计算是一个时间和空间都较大的方法，而且会随着网页的越来越多变得越发困难，甚至影响到了用户体验。另一方面，有的网页设计人员掌握了这种排序方法之后，故意在自己的网页中添加很多相关的关键字，以达到让自己的网页和很多关键字相关度高的效果，这是一种投机取巧的方式，也给网页排名带来了一定的困境。

后来，在斯坦福大学读研究生的 Larry Page 和 Sergey Brin 开始设计一个搜索引擎——Google。他们充分意识到了上述问题，而且想让自己的搜索引擎在网页排序方面得到比传统方法更具有优势的返回结果。他们在研究过程中发现，一些具有权威性的网站跳转的链接也是比较具有权威性的，比如，斯坦福大学的校园官网就有跳转到斯坦福各个学院和图书馆这样的链接。也有一些非权威性的网站的跳转链接既包括权威性的，也包括非权威性的，从观察者的角度来说，这些非权威性的网站跳转到非权威性的网站，并没有给跳转后的网页增加多少流量和权威，而非权威性的网站跳转到权威性的网站也并没有给后者的网页带来多少浏览量和知名度。然而，如果一个网页链接被一个具有权威性的网站跳转，那么这个网页的权威性也随之提升。

Google 的两位创始人 Larry Page 和 Sergey Brin 就是通过这样一个原理设计出了 PageRank 算法。PageRank 算法的核心思想比较容易理解，主要是以下两点：①如果一个网页被其他很多网页链接，那么这个网页相对于整个网络来说，具有比较靠前的排名位置；②如果一些具有比较靠前排名的网页链接到另一个网页，那么被链接的那个网络的排名也会相应靠前。正是由于 PageRank 算法的这两个核心思想让搜索引擎的搜索质量迅速提升，应对了后来互联网网页的爆炸式增长。现在针对网页搜索排名的算法越来越多，效果也越来越好。当时，PageRank 算法的提出，打破了网页搜索排名这个问题的瓶颈，也是使 Google 成为全球著名搜索引擎的主要推力和重要功臣。

9.1.2 科学问题

现在,我们已经知道了 PageRank 算法的核心思想:如果一个网页被其他很多网页链接,那么这个网页相对于整个网络来说,具有比较靠前的排名位置;如果一些具有比较靠前排名的网页链接到另一个网页,那么被链接的那个网络的排名也会相应靠前。本节还以网页权威性和重要性排名为例,来介绍一些基础的相关理论和 PageRank 算法的问题定义。

1. 相关理论

在正式介绍 PageRank 算法之前,需要先介绍图论的一些基础知识。如图 9-2 所示,图中总共有 4 个节点:A,B,C 和 D,它们的关系网络如图所示。这种关系网络就等同于网页链接关系中的 A 网页链接到了 B 网页和 D 网页,D 网页链接到了 A 网页和 B 网页。

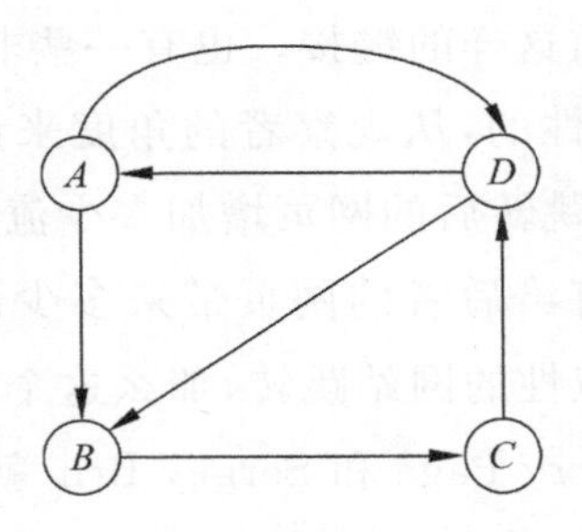

图 9-2 节点关系网络图

图论中定义一个节点的入度为指向该节点的边数,如图中 A 的入度为 1,B 的入度为 2。在本书中,定义 $I(v_i)=\{$指向 v_i 的节点$\}$。如图中 $I(v_A)=\{v_D\}$,$I(v_B)=\{v_A,v_D\}$,$|I(v_i)|$定义为节点 v_i 的入度。图论中,一个节点的出度定义为指向其他节点的边数,如图中 A 的出度为 2,B 的出度为 1。本书中,定义 $O(v_i)=\{v_i$ 指向其他节点$\}$。如图中 $O(v_A)=\{v_B,v_D\}$,$O(v_B)=\{v_C\}$,$|O(v_i)|$定义为节点 v_i 的出度。

2. 问题定义

输入:输入由两部分组成。一个是 $V=\{v_i\}$,$i=1,2,\cdots,n$,v_i 表示第 i 个节点,

总共有 n 个节点；另一个是 $E=\{e_{ij}\}, i, j=1,2,\cdots,n$，$e_{ij}$ 表示 v_i 节点有跳转到 v_j 节点的链接。

输出：输出为 $\mathrm{PR}=\{\mathrm{pr}_i\}, i=1,2,\cdots,n$，$\mathrm{pr}_i$ 表示 v_i 节点的 pr 值，即权威性或者说重要性的度量值。

问题定义：输入一个关系网络 $G=\{V,E\}$，怎样度量关系网络中每个节点的重要性？

9.1.3 算法流程

为了解决这个科学问题，PageRank 算法对每个节点初始化一个 pr 值，该 pr 的大小代表了节点的重要性的度量值，该值越大表示该节点越权威，越重要。反之，表示权威性越低。

首先，初始化所有网页的 pr 值，考虑用户随机访问每个网页的概率一样大，整个网络中共有 n 个网页，PageRank 算法初始化每个节点的 pr 值为 $\frac{1}{n}$。然后，根据网络结构关系图来更新每个网页的 pr 值。最后，根据收敛条件结束更新，输出每个网页的 pr 值并依据大小排序。

更新的规则来自 PageRank 算法的核心思想：如果一个网页被其他很多网页链接，那么这个网页相对于整个网络来说，具有比较靠前的排名位置；如果一些具有比较靠前排名的网页链接到另一个网页，那么被链接的那个网络的排名也会相应靠前。为了更好地说明，我们用如图 9-3 所示的网页链接关系为例来说明整个更新过程。

其中，网页 A 的 pr 值是根据链接到该网页的所有网页的 pr 值得到的，其具体公式如下：

$$\mathrm{PR}(v_A)=\mathrm{PR}(v_D) \tag{9-1}$$

而网页节点 D 总共有 4 个跳转的链接，所以从 D 网页跳转到 A 网页的概率是 $\frac{1}{4}$，所以进一步将式(9-1)修改为：

$$\mathrm{PR}(v_A)=\frac{\mathrm{PR}(v_D)}{4} \tag{9-2}$$

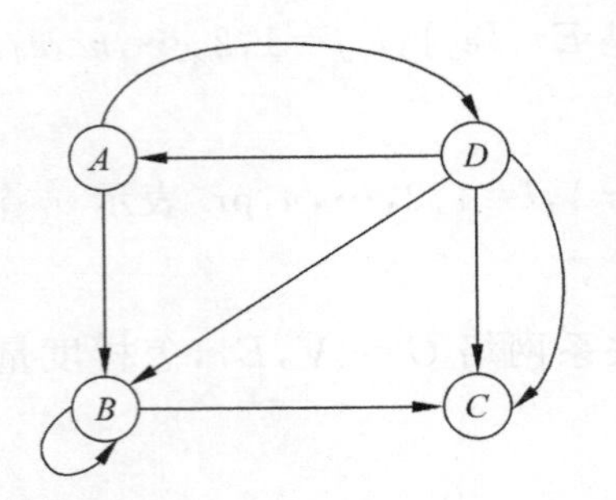

图 9-3 网页链接关系网络

需要注意到的一个地方是，$I(v_B)=\{$指向 v_B 的节点集合$\}$，该集合中，不包括 v_B。所以，在计算 B 的 pr 值时，用下式计算：

$$\mathrm{PR}(v_B)=\frac{\mathrm{PR}(v_A)}{2}+\frac{\mathrm{PR}(v_D)}{4} \tag{9-3}$$

不包括指向自己网页的链接，这是为了公平性，防止某些恶意设计。同时，还为了公平性和实用性，在现实生活中，用户浏览一个没有出度的网页链接时，不会由于该网页没有指向其他网页的链接就不跳转，而是有可能跳转到互联网中任意一个网页，所以会在每个计算网页节点的 pr 值后再加上一个$\frac{1}{n}$。如计算 A 的 pr 值如下式所示：

$$\mathrm{PR}(v_A)=\frac{\mathrm{PR}(v_D)}{4}+\frac{1}{n} \tag{9-4}$$

另一方面为了权衡随意跳转和根据当前网页跳转的随机性，PageRank 算法在这两个部分前面加上一个系数 α。所以每个节点的更新公式如下：

$$\mathrm{PR}^{k+1}(v_i)=\alpha\sum_{v_j\in I(v_i)}\frac{\mathrm{PR}^k(v_j)}{|O(v_j)|}+(1-\alpha)\frac{1}{n} \tag{9-5}$$

其中，α 是可调参数，$I(v_i)$是指向网页节点 v_i 的网页集合，$|O(v_j)|$是网页节点 v_j 的出度，PR^{k+1} 是第 $k+1$ 次迭代后的 PR 值。

收敛条件有多种方式，常用的方式是根据所有网页节点迭代前后 pr 值的变化值小于预先设定的阈值。其数学表达式如下：

$$|\mathrm{PR}^{k+1}-\mathrm{PR}^k|<\varepsilon \tag{9-6}$$

其中，PR^{k+1} 表示第 $k+1$ 次迭代后的 PR 值矩阵，ε 是预先设定的阈值。本文中

$|PR^{k+1}-PR^k|$是迭代前后两次所有节点 pr 值之差的绝对值和，更详细的定义如下。

$$|PR^{k+1}-PR^k|=\sum_{i=1}^{n}|pr^{k+1}(v_i)-pr^k(v_i)| \tag{9-7}$$

9.1.4 算法描述

由此，可以得到 PageRank 算法的伪代码如下。

算法 9-1 PageRank 算法。

输入：节点网络 $G=(V,E)$；

初始可调参数 α；

过程：

1： 初始化网页关系网络

2： 初始化每个网页节点的 PR 值为$\frac{1}{n}$

3： **repeat**

4：   **for** $v_i \in V, i=1,2,\cdots,n$

5：   根据公式(9-5)计算 PR(v_i)值

6：   **end for**

7： **until** 根据公式(9-6)判断收敛

输出：更新收敛后的 PR 矩阵，即每个网页的 PR 值。

从伪代码中可看出，进行 PageRank 算法计算时，首先，初始化网页关系网络和所有网页的 pr 值为$\frac{1}{n}$。然后，根据网络结构关系图来更新每个网页的 pr 值。最后，根据收敛条件结束更新，输出每个网页的 pr 值。

9.2 PageRank 算法实现

9.2.1 简介

首先用一个图来描述该算法的整个运行过程涉及类和方法，如图 9-4 所示。

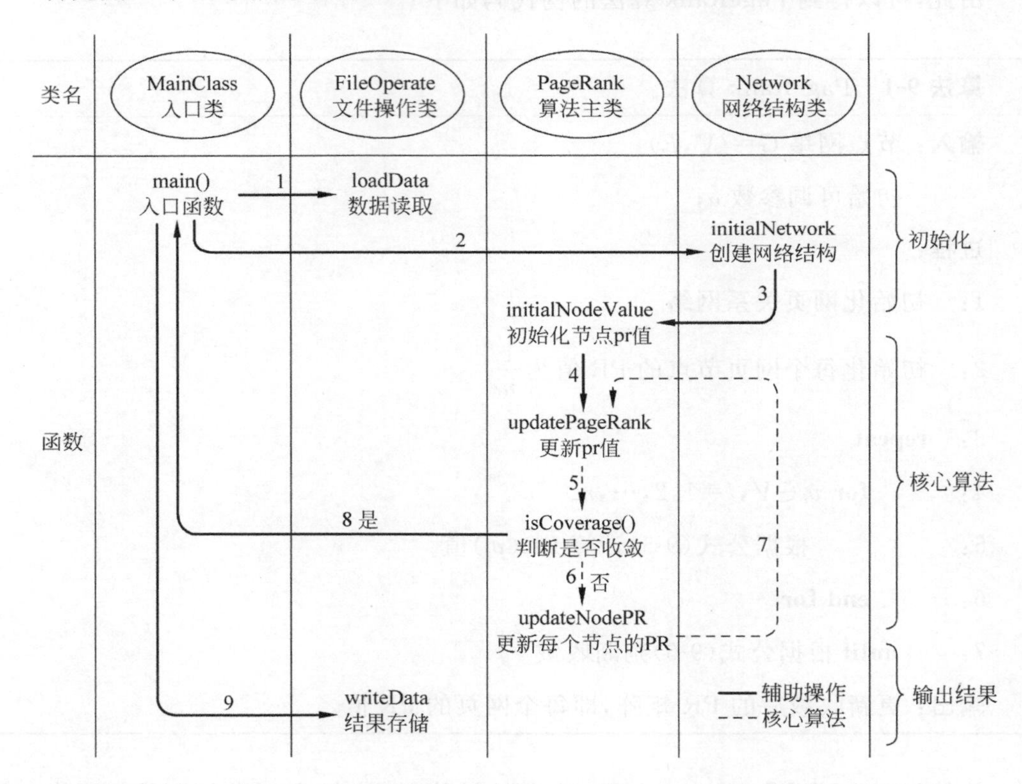

图 9-4 算法设计流程图

分为三个阶段，首先初始化，读取数据；然后，运行 PageRank 算法，即核心算法；最后输出结果。PageRank 算法是用 Java 实现的，主要分为如表 9-1 所示的几个对象。

表 9-1 类名称及类描述

类 名 称	类 描 述

WebLink	（描述两个网页的链接关系）
	成员变量：
	//由 fromLink 链接到 toLink
	protected String fromLink; //Web ID
	protected String toLink; //Web ID

Node	（描述网络关系中的节点）
	成员变量：
	protected String webName; //网页 id
	protected double currentPR; //当前迭代次数对应的 pr 值
	protected double lastPR; //当前迭代次数 - 1 对应的 pr 值
	protected int iterationNO; //当前迭代次数
	protected List<Node> outLink; //该节点的指向节点集合
	protected List<Node> inLink; //指向该节点的节点集合
	函数：
	/** 更新一个节点的 pr 值 */
	public boolean updateNodePR(int iterationNum, int count) {…}

Network	（描述节点的网络关系） public class Network **extends** HashMap<String, Node>{…} 函数： /** 初始化网络，根据链接关系来建立网络 */ public void initialNetwork(List<WebLink> data){…}

PageRank	（描述 PageRank 算法）
	成员变量：
	protected Network network; //网络结构关系
	函数：

续表

<table>
<tr><th>类名称</th><th>类描述</th></tr>
<tr><td>PageRank</td><td><pre>/** 初始化节点 pr 值: 1/n */
public void initialNodeVale(){ … }

/** 一次迭代更新所有节点的 pr 值 */
public void onceIteration(int iteration_num){ … }

/** 更新 pagerank */
public void updatePageRank(){ … }

/** 判断算法是否收敛
 * 判断方式: 所有节点 pr 值更新前后两次的差值<收敛参数 */
public boolean isCoverage(){ … }</pre></td></tr>
</table>

WebLink 主要用来描述数据，数据是指一个网页链接到另一个网页。所以在代码中，用 WebLink 类来描述这种链接关系。Node 类描述网络结构中的节点，节点包括网页 id、当前迭代次数、pr 值、出链集合和入链集合，函数包括更新该节点的 pr 值的方法。Network 类用来描述网络结构关系，该类继承 HashMap<String, Node>，String 存储网页 id，Node 是该网页的节点类，函数有初始化网络方法，之所以用 HashMap 来存是因为在更新 pr 值的过程中，需要从众多的网页中取出对应的节点，而 HashMap 的查找速度是较快的。PageRank 类描述了 PageRank 算法，成员变量包括初始的一些参数和 Network 网络结构，函数包括：初始化所有节点初始值，一次迭代更新所有节点的 pr 值，更新 PageRank 值，是否收敛等函数。

9.2.2 核心代码

在介绍核心代码前，先从 main()函数看起，了解整个算法过程。具体如下。

```
1   //1.获取数据
2   List<WebLink> data = FileOperate.loadData(Configuration.DATA_PATH,"\t");
3   //2.初始化网络结构
4   Network network = new Network();
5   network.initialNetwork(data);//初始网页结构
6   //3.运行 PageRank 算法
7   PageRank pagerank = new PageRank(network);
8   pagerank.initialNodeVale();//初始网页节点初值为 1/n(n 为网页节点总数)
9   pagerank.updatePageRank();//更新 pr 值直至收敛
10  //4.结果展示和存储,展示 top k 个数据的 pr 值
11  FileOperate.writeData(network, Configuration.RESULT_PATH);
12  pagerank.showTopKPR(Configuration.TOP_K);
```

首先获取数据,其次初始化网络结构,Network 类中有一个初始化网络结构的方法,具体如下。

```
1   /** 初始化网络,根据链接关系来建立网络
2    * @param data   数据: 网页链接
3    */
4   public void initialNetwork(List<WebLink> data){
5       for(int i = 0 ; i < data.size(); i++){//添加节点
6           WebLink weblink = data.get(i);
7           String fromLink = weblink.getFromLink();
8           String toLink = weblink.getToLink();
9           if(!this.containsKey(fromLink)){
10              this.put(fromLink, new Node(fromLink));
11          }
12          Node fromNode = this.get(fromLink);
13          if(!this.containsKey(toLink)){
14              this.put(toLink, new Node(toLink));
15          }
16          Node toNode = this.get(toLink);
17          fromNode.addOutLink(toNode);
18          toNode.addInLink(fromNode);
19      }
20  }
```

在 Network 中加入节点时，通过 Network 类继承的 HashMap<String，Node> 特性，首先判断在 Network 中是否有该网页 id 建立的 node 节点，然后根据链接关系来添加出入链接集合。

初始化网络结构后，开始运行 PageRank 算法，先初始化所有节点的 pr 值，具体代码如下。

```
1    /** 初始化节点 pr 值: 1/n */
2    public void initialNodeVale(){
3        double first_value = 1.0 / network.getCount();
4        for(Map.Entry<String, Node> entry: network.entrySet()){
5            Node node = entry.getValue();
6            node.setCurrentPR(first_value);
7        }
8    }
```

其中，initialNodeVale()方法是初始化网络所有节点的 pr 值，全部初始设置为 $1/n$，n 为网络中节点总数。更新 PageRank 值的具体代码如下。

```
1    /** 更新 PageRank */
2    public void updatePageRank(){
3        int iteration_count = 1;
4        this.onceIteration(iteration_count);
5        iteration_count++;
6        //如果 pr 更新收敛或者达到设置的最大迭代次数,就跳出循环更新
7        while(!this.isCoverage() && iteration_count <= Configuration.ITERATION
         _MAXNUM){
8            //一次迭代更新所有节点的 pr 值
9            this.onceIteration(iteration_count);
10           iteration_count++;
11       }
12   }
13
14   /** 一次迭代更新所有节点的 pr 值
15     * @param iteration_num    迭代的次数 */
16   public void onceIteration(int iteration_num){
```

```
17          for(Map.Entry<String, Node> entry: network.entrySet()){
18              Node node = entry.getValue();
19              //更新一个节点的 pr 值
20              node.updateNodePR(iteration_num, network.getCount());
21          }
22      }
```

updatePageRank()函数调用了 onceIteration()函数，用 while 来控制更新过程，若收敛或迭代次数达到设置的最大迭代次数就跳出更新过程。判断收敛的代码具体如下。

```
1   /** 判断算法是否收敛
2    * 判断方式: 所有节点 pr 值更新前后两次的差值<收敛参数
3    * @return */
4   public boolean isCoverage(){
5       double diff = 0.0;
6       for(Map.Entry<String, Node> entry: network.entrySet()){
7           Node node = entry.getValue();
8           diff += Math.abs(node.getLast_pr() - node.getCurrent_pr());
9       }
10      if(Math.abs(diff) > this.coverage_value)
11          return false;
12      else
13          return true;
14  }
```

Node 类中有一个函数是更新一个节点 PR 值的代码，onceIteration()函数会调用该方法，其具体如下。

```
1   /** 更新一个节点的 pr 值
2    * @param iteration_num   当前迭代次数
3    * @param alph            alph 值
4    * @param count           网络总节点数
5    * @return */
6   public boolean updateNodePR(int iteration_num, double alph, int count){
```

```
7         if(iteration_num <= 0 || alph < 0 || count <= 0)
8             return false;
9         else{
10            double update_pr = (1 - alph)/count;
11            double temp = 0.0;
12            for(Node node_pi: this.in_link){
13                int pi_iter_NO = node_pi.getIteration_NO();
14                int pi_out_link_NO = node_pi.out_link.size();
15                double pi_last_pr = 0.0;
16
17                if(pi_iter_NO - iteration_num == 0){
18                    pi_last_pr = node_pi.getCurrent_pr();
19                }else if(pi_iter_NO - iteration_num == 1){
20                    pi_last_pr = node_pi.getLast_pr();
21                }
22                temp += pi_last_pr / pi_out_link_NO;
23            }
24            update_pr += alph * temp;
25            this.setCurrent_pr(update_pr);//更新存储 pr 值
26            return true;
27        }
28    }
```

此处描述了公式(9-5)，在 Node 类中有一个成员变量 iterationNO 来描述该节点更新的迭代次数，所以我们需要将 PageRank 算法的迭代次数和该节点的迭代次数进行比对，来决定取哪个 PR 值。

9.3 实验数据

本章实验所用数据是由斯坦福大学提供的公开数据 web-Stanford（网址链接：https://snap.stanford.edu/data/index.html），该数据集共包括 281 903 个网页链接以及这些网页之间 2 312 497 条关系。表 9-2 是关于该数据集的统计信息（数据下载地址：https://snap.stanford.edu/data/web-Stanford.html）。

表 9-2 数据统计信息

数　　据	统 计 值
Nodes	281 903
Edges	2 312 497
Nodes in largest WCC	255 265 (0.906)
Edges in largest WCC	2 234 572 (0.966)
Nodes in largest SCC	150 532 (0.534)
Edges in largest SCC	1 576 314 (0.682)
Average clustering coefficient	0.5976
Number of triangles	11 329 473
Fraction of closed triangles	0.002 889
Diameter (longest shortest path)	674
90-percentile effective diameter	9.7

9.4 实验结果

9.4.1 结果展示

我们按常规取法取 $\alpha=0.8$，收敛参数取 0.000 01，最大迭代次数取 100，最终得到根据 pr 值排列的 top 10 的网页 id，如表 9-3 所示。

表 9-3 PageRank 值排序 top 10

网页 id	PageRank 值
89073	0.010 474 629 015 421 715 0
226411	0.009 610 237 781 241 239 0
241454	0.008 379 659 181 992 816 0
134832	0.003 257 857 259 632 642 5
69358	0.002 731 673 891 432 488 6
67756	0.002 704 544 573 104 366 0
234704	0.002 661 308 613 104 230 0
225872	0.002 525 455 388 754 046 5

续表

网页 id	PageRank 值
186750	0.002 497 104 749 236 566 4
262860	0.002 486 836 915 336 930 5

9.4.2 结果分析

PagaRank 算法有许多优点，比如原理容易理解，实现起来较简单，对初值不敏感等。在进行网页排序的过程中，PagaRank 的离线计算可大大缩减搜索引擎查询时间，达到提高用户体验的目的。同时，由于 PagaRank 是与查询词语无关的算法，使其忽略了主题相关性。而且旧网页往往比新网页在权威性和重要性上占一定优势，因为新网页很少有指向自己的链接，即马太效应。

PagaRank 算法虽然刚开始的用途是为了提高 Google 搜索引擎的网页排名效率，从而提高其搜索质量。但随着越来越多的学者研究该算法，发现了 PageRank 算法思想的思维方式，即只要事物之间可以抽象出来成为图谱，就可以应用 PageRank 进行一些研究。这种图谱代表着事物之间的关系，由这种关系运用 PageRank 算法最终可以得到重要性或权威性的排名，甚至还可以代表影响关系的度量等。

PageRank 算法的应用还有很多。在学术界，PageRank 算法可作为论文影响力的衡量方式，和搜索引擎类似，PageRank 算法可以对每个论文进行定量的评价，达到学术论文排名的效果；在体育界，特定的运动项目里，最佳球员的选择也可通过 RageRank 算法来确立，这里主要通过运动员之间的比赛结果来建立网络连接；在医学界，PageRank 算法被应用于癌症研究，可确定与癌症相关的遗传肿瘤基因，同样，还可应用于其他病症相关的研究；在交通网络方面，PageRank 算法可应用于交通流量和人流动向的预测；在社交网络方面，该算法还可应用于角色发现，发现社交网络中的意见领袖和重要网络节点。

第10章

EM

10.1 EM 算法原理

随机变量的数字特征就是随机样本的定海神针，用拟合的思想来求随机变量的数字特征就是 EM。相比于 EM 算法公式的复杂，其所代表的解决问题的思想其实非常简单。很多时候，会遇到模型中有两个未知参数 A 和 B 需要估计，而 A 和 B 之间又存在互相依赖的关系，即知道 A 才能推出 B，而同样确定 B 后也才能知道 A。对于这样的问题，EM 的思路就是先固定其中一个，比如赋予 A 某个初值后再推测 B，然后从当前的 B 出发重新估计 A。如此反复执行这个过程，直到收敛。

这种思想在实际生活中也经常遇到。比如我们想提高产品的质量，就需要更多的研发资金，而更高质量的产品才能吸引更多用户的购买，赚得更多资金，这样，产品的质量和拥有的资金就是一对互相依赖的变量。怎么办呢？只能先在资金有限的情况下，撸起袖子加油干尽量提高产品质量，赢得尽可能多的订单，赚得更多资金，然后再将资金投入研发，尽全力提高产品质量，如此良性循环下去。怎么样？是不是觉得 EM 的思想竟然如此简单？借用《射雕英雄传》中老顽童一招绝世功法来总结 EM 算法：左右互搏。

10.1.1 EM 算法引入

对概率模型进行参数估计是一种常见的问题分析手段。当概率模型仅存在观测数据时，直接利用最大似然估计的方法对似然函数取对数，令各参数的偏导数为零，即可取得参数值。然而，当概率模型中存在隐含变量时，简单利用上述方法是无法求解的。为此，Dempster 等人提出一种迭代算法，用于含有隐含变量的概率模型的参数估计问题，即 EM 算法。

EM 算法，全称为期望-最大化(Expectation-Maximization)算法。顾名思义，是一种通过迭代地求解隐含变量的充分统计量和最大化似然函数以达到估计参数的算法。该算法广受关注，不仅是因为其为含有隐含变量的似然函数提供了解法，更是因为其完备的数学模型得以保证求解结果的正确性。在正式开始介绍 EM 算法之前，可以简要复习一下 K-Means 算法。K-Means 算法迭代的求解质心与划分簇正是 EM 算法的一个最基本的实现。质心正是该问题的隐含变量(该隐含变量标识着每一个点属于哪一个簇)。而划分簇其实是一个最优化的过程，通过求解距离来保证每一个点被划分到最近的一个簇。

例 1 假设某校为对学生 X_1、X_2 和 X_3 三个科目的成绩分布情况进行分析，每个科目随机抽取了 100 份成绩，即 $X_1=\{x^{(1)},x^{(2)},\cdots,x^{(100)}\}$、$X_2=\{x^{(1)},x^{(2)},\cdots,x^{(100)}\}$、$X_3=\{x^{(1)},x^{(2)},\cdots,x^{(100)}\}$，那么如何对每个科目成绩分布参数进行估计呢？

解：已知每个科目成绩均服从高斯分布，即有 $X_k \sim N(\mu_k,\sigma_k^2)$，$k=1,2,3$。那么对每科成绩的参数估计方式如下：

$$l_k(\theta)=\prod_{i=1}^{100} f_k(x^{(i)}),\quad k=1,2,3 \tag{10-1}$$

然后对似然函数取对数，令各参数偏导数为零，即可获取参数 μ_k、σ_k 的估计值。

例 2 那么如果该校不分科目随机抽取了 300 份成绩，即 $X=\{x^{(1)},x^{(2)},\cdots,x^{(300)}\}$，此时又如何对三个科目的分布参数进行估计呢？

解：已知各科成绩服从高斯分布。抽取到某个成绩样本 $x^{(i)}$ 的概率为 $p(x^{(i)}\mid v^{(i)}=j;\mu,\sigma)p(v^{(i)}=j;\phi)$，$j=1,2,3$。其中，$p(x^{(i)}\mid v^{(i)}=j)$ 表示样本 $x^{(i)}$ 抽取自第 j 个高斯分布的概率，那么似然函数如下：

$$l(\phi,\mu,\sigma)=\prod_{i=1}^{300}p(x^{(i)},\phi,\mu,\sigma)$$

$$=\prod_{i=1}^{300}\prod_{v^{(i)}=1}^{3}p(x^{(i)}\mid v^{(i)};\mu,\sigma)p(v^{(i)};\phi) \tag{10-2}$$

其中，$v^{(i)}$为隐含变量，即对于每个样本$x^{(i)}$所属科目并不清楚。在这种情况下对似然函数取对数可得：

$$\log l(\theta)=\sum_{i=1}^{300}\log\sum_{v^{(i)}=1}^{3}p(x^{(i)}\mid v^{(i)};\mu,\sigma)p(v^{(i)};\phi) \tag{10-3}$$

由于$v^{(i)}$未知，并且进一步求解是很困难的，因而下文引入EM算法解决以上问题。

10.1.2 科学问题

1. 问题定义

输入：观测数据以及类别总数。

输出：观测数据所服从的几个分布函数的参数。

例3 假设随机抽取到某校7000份成绩，但并不清楚每一份成绩所属4个科目里的哪一科，在这种情况下如何对该校每科成绩所服从的分布参数进行估计？

解：输入：7000份成绩，即$X=\{x^{(1)},x^{(2)},\cdots,x^{(n)}\}n=7000$；类别总数$k=4$。

输出：4个科目分别服从的分布的参数值，由于各科成绩服从高斯分布，因此输出为每科成绩的分布参数$Y=\{(\mu_1,\sigma_1),(\mu_2,\sigma_2),(\mu_3,\sigma_3),(\mu_4,\sigma_4)\}$以及样本服从各个分布的概率$\phi=\{\phi_1,\phi_2,\phi_3,\phi_4\}$。

2. 相关理论

本节主要对EM算法推导过程中所涉及的相关知识进行简要介绍。

若$f(x)$为定义域为实数的函数，且对于所有x，有$f''(x)\geqslant 0(x\in R)$，那么$f$为凸函数。如果$f''(x)>0$，那么$f$为严格凸函数。

定理1. (Jensen不等式)若$f(x)$为凸函数，X为随机变量，那么

$$E(f(X))\geqslant f(EX) \tag{10-4}$$

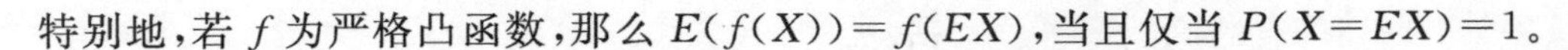
特别地，若 f 为严格凸函数，那么 $E(f(X))=f(EX)$，当且仅当 $P(X=EX)=1$。

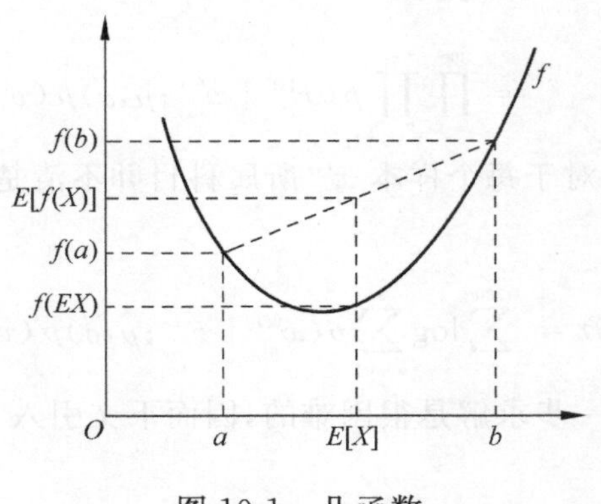

图 10-1　凸函数

如图 10-1 所示，实线 f 为凸函数，X 为随机变量，并且随机取 a 和 b 的概率分别为 0.5。那么，由图可得 $E(0.5(f(a)+f(b)))\geqslant f(0.5(a+b))$，即 $E(f(X))\geqslant f(EX)$。

10.1.3　理论推导

1. EM

EM 算法用于解决含有隐含变量的概率模型的参数估计问题。假设对于一个估计问题，其样本集合为 $\{x^{(1)},x^{(2)},\cdots,x^{(n)}\}$，且样本间相互独立。那么我们需要找到每个样本的隐含类别 v，以使得 $p(x,v)$ 取得最大值，其似然函数如下：

$$l(\theta)=\prod_{i=1}^{n}p(x^{(i)};\theta) \tag{10-5}$$

似然函数取对数为：

$$\log l(\theta)=\sum_{i}\log\sum_{v^{(i)}}p(x^{(i)},v^{(i)};\theta) \tag{10-6}$$

那么，我们的原始问题即为对式(10-6)的极大化问题。然而，由于隐含变量 v 的存在，直接极大化似然函数 $\max\limits_{\theta}\log l(\theta)$ 十分困难。在这种情况下，EM 算法给出一种通过极大化似然函数下界的方式解决原始问题的方法，具体推导过程如下。

首先，对于每一个样本 $x^{(i)}$，$G_i(v)$表示该样本隐含变量 v 的某种分布 $\left(\sum_v G_i(v)=1, G_i(v)\geqslant 0\right)$，则式(10-6)可转化为：

$$\log l(x^{(i)};\theta)=\sum_i \log \sum_{v^{(i)}} G_i(v^{(i)}) \frac{p(x^{(i)},v^{(i)};\theta)}{G_i(v^{(i)})} \geqslant \sum_i \sum_{v^{(i)}} G_i(v^{(i)}) \log \frac{p(x^{(i)},v^{(i)};\theta)}{G_i(v^{(i)})} \tag{10-7}$$

根据 Jensen 不等式可知：

$$\sum_i \log \sum_{v^{(i)}} G_i(v^{(i)}) \frac{p(x^{(i)},v^{(i)};\theta)}{G_i(v^{(i)})} \geqslant \sum_i \sum_{v^{(i)}} G_i(v^{(i)}) \log \frac{p(x^{(i)},v^{(i)};\theta)}{G_i(v^{(i)})} \tag{10-8}$$

其中，$f(x)=\log x$ 为凹函数($f''(x)=-1/x^2<0 \quad x\in R^+$)，$p(x_i,v_i;\theta)/G_i(v_i)$相当于 X，而 $\sum_{v^{(i)}} G_i(v^{(i)}) \frac{p(x^{(i)},v^{(i)};\theta)}{G_i(v^{(i)})}$ 相当于 $p(x^{(i)},v^{(i)};\theta)/G_i(v^{(i)})$的期望 EX。

为使式(10-8)中等号成立，以获取似然函数下界，根据 Jensen 不等式，需满足条件 $P(X=EX)=1$，即

$$P\left(\sum_{v^{(i)}} G_i(v^{(i)}) \frac{p(x^{(i)},v^{(i)};\theta)}{G_i(v^{(i)})}=\frac{p(x^{(i)},v^{(i)};\theta)}{G_i(v^{(i)})}\right)=1 \tag{10-9}$$

根据式(10-9)可得：

$$\frac{p(x^{(i)},v^{(i)};\theta)}{G_i(v^{(i)})}=c \tag{10-10}$$

已知 $\sum_v G_i(v^{(i)})=1$，则$\sum_v p(x^{(i)},v;\theta)=c$，那么：

$$G_i(v^{(i)})=\frac{p(x^{(i)},v^{(i)};\theta)}{\sum_v p(x^{(i)},v;\theta)}=p(v^{(i)} \mid x^{(i)};\theta) \tag{10-11}$$

至此，我们得到似然函数的下界，原始问题转化为对似然函数的下界求极大值，即：

$$\theta:=\arg\max_\theta \sum_i \sum_{v^{(i)}} G_i(v^{(i)}) \log \frac{p(x^{(i)},v^{(i)};\theta)}{G_i(v^{(i)})} \tag{10-12}$$

综上，EM 算法具体表述为以下两个步骤。

E 步：对于每个 i，求得

$$G_i(v^{(i)})=p(v^{(i)} \mid x^{(i)};\theta) \tag{10-13}$$

M 步：

$$\theta:=\arg\max_\theta \sum_i \sum_{v^{(i)}} G_i(v^{(i)}) \log \frac{p(x^{(i)},v^{(i)};\theta)}{G_i(v^{(i)})} \tag{10-14}$$

重复 E、M 步骤，直至收敛。

2. EM-GMM

GMM 模型参数估计是 EM 算法的一个具体应用，其具体推导过程如下。假设样本集合$\{x^{(1)},x^{(2)},\cdots,x^{(n)}\}$服从联合分布 $p(x^{(i)},v^{(i)})=p(x^{(i)}\mid v^{(i)})p(v^{(i)})$，且 $v^{(i)}\sim$ Multinomial(ϕ)($\phi_j=p(v^{(i)}=j),\phi_j\geqslant 0,\sum_{j=1}^{k}\phi_j=1$)，$v^{(i)}\in\{1,2,\cdots,k\}$；在 $v^{(i)}$ 给定的情况下，$x^{(i)}$ 服从正态分布，即 $x^{(i)}\mid v^{(i)}=j\sim \mathrm{N}(\mu_j,\sigma_j^2)$。这样的模型称为高斯混合模型。

模型参数为 μ、ϕ 以及 σ，为对其进行估计，似然函数如下：

$$l(\phi,\mu,\sigma)=\prod_{i=1}^{n}p(x^{(i)},\phi,\mu,\sigma) \tag{10-15}$$

取对数则为：

$$\log l(\phi,\mu,\sigma)=\sum_{i=1}^{n}\log\sum_{v^{(i)}=1}^{n}p(x^{(i)}\mid v^{(i)};\mu,\sigma)p(v^{(i)};\phi) \tag{10-16}$$

同样，通过似然函数求偏导的方式取得极值的对式(10-15)行不通。因此，我们引入 EM 算法思想：E 步，猜测隐含变量 $v^{(i)}$；M 步，更新 ϕ、μ、σ，对似然函数进行最大化。具体过程如下：

E 步：对每一个样本 i 和分布类别 j，计算

$$\begin{aligned}\omega_j^{(i)}:&=p(v^{(i)}=j\mid x^{(i)};\phi,\mu,\sigma)\\&=\frac{P(x^{(i)}\mid v^{(i)}=j;\mu,\sigma)p(v^{(i)}=j;\phi)}{\sum_{l=1}^{k}p(x^{(i)}\mid v^{(i)}=l;\mu,\sigma)p(v^{(i)}=l;\phi)}\end{aligned} \tag{10-17}$$

M 步：更新参数，最大化

$$\phi_j:=\frac{1}{n}\sum_{i=1}^{n}\omega_j^{(i)} \tag{10-18}$$

$$\mu_j:=\frac{\sum_{i=1}^{n}1\omega_j^{(i)}x^{(i)}}{\sum_{i=1}^{n}\omega_j^{(i)}} \tag{10-19}$$

$$\sigma_j^2 := \frac{\sum_{i=1}^{n}\omega_j^{(i)}(x^{(i)}-\mu_j)(x^{(i)}-\mu_j)^{\mathrm{T}}}{\sum_{i=1}^{n}\omega_j^{i}} \tag{10-20}$$

重复 E、M，直到算法收敛。

10.1.4 算法流程

对算法理论推导过程进行充分了解之后，如何快速应用算法解决实际问题呢？下面以 EM-GMM 为例进行算法流程的详细描述。

假设输入数据为 $X=\{x^{(1)},x^{(2)},\cdots,x^{(n)}\}$，并且数据服从高斯分布，隐含变量为 $v=1,2,\cdots,k$，最终目标为对 k 个高斯分布的分布参数进行估计。

首先，初始化 $p(v=j),j=1,2,\cdots,k$ 以及 k 个高斯分布的分布参数初始化参数 $\mu_1,\mu_2,\cdots,\mu_k$ 和 $\sigma_1,\sigma_2,\cdots,\sigma_k$。

然后，进入参数的更新迭代过程，通过不断迭代 E 步以及 M 步，更新上述参数。在 E 步中，根据公式(10-17)计算数据样本 $x^{(i)}$ 属于第 j 个高斯分布的后验概率得到 $\omega_j^{(i)}$。在 M 步中，根据 E 步得到的 $\omega_j^{(i)}$ 带入式(10-18)、式(10-19)以及式(10-20)更新各高斯分布的分布参数 $\mu_1,\mu_2,\cdots,\mu_k$ 以及 $\sigma_1,\sigma_2,\cdots,\sigma_k$。

另外，对于算法是否收敛的问题。一般以参数变化量进行是否收敛的判别，当参数更新前后变化较小则退出迭代。

10.1.5 算法描述

为了更加清晰地展示 EM-GMM 算法所解决的实际问题及其实现思路，伪代码中仅给出了该算法对参数的更新过程，对输入数据的由来不再进行描述。

算法 10-1 EM 算法。

输入：观测数据 $X=\{x^{(1)},x^{(2)},\cdots,x^{(n)}\}$

高斯分布个数 k

过程：

1：根据观测数据初始化 $\phi_1,\phi_2,\cdots,\phi_k$ 以及 $\mu_1,\mu_2,\cdots,\mu_k$ 和 $\sigma_1,\sigma_2,\cdots,\sigma_k$

2：**repeat**

3：　　**for** $j=1,2,\cdots,k$

4：　　　**for** $i=1,2,\cdots,n$

5：　　　　根据式(10-17)更新各样本来自不同高斯分布的后验概率 $\omega_j^{(i)}$

6：　　　**end for**

7：　　**end for**

8：　　**for** $j=1,2,\cdots,k$

9：　　　根据式(10-18)、式(10-19)及式(10-20)更新参数 ϕ_j,μ_j,σ_j。

10：　**end for**

11：**until** ϕ_j,μ_j,σ_j 更新前后变化小于收敛阈值

输出：参数 $Y=\{(\mu_1,\sigma_1),(\mu_2,\sigma_2),\cdots,(\mu_k,\sigma_k)\}$

　　　参数 $\phi=\{\phi_1,\cdots,\phi_k\}$

10.2 EM-GMM 实现

本节主要对算法的实现流程进行了展示，如图 10-2 所示。为使算法流程更加清晰，图中仅涉及算法核心类及方法。

10.2.1 简介

本节主要对 EM-GMM 算法的代码结构进行简介。包括两个数据封装类 Input 和 Parameters，一个算法功能类 EMGMM 以及一个算法入口类 MainClass。其中，Input 主要封装算法输入数据，而 Parameters 类主要对待估参数进行封装，EMGMM 中则包含算法核心步骤，MainClass 类用于算法入口，同时体现算法流程，如表 10-1

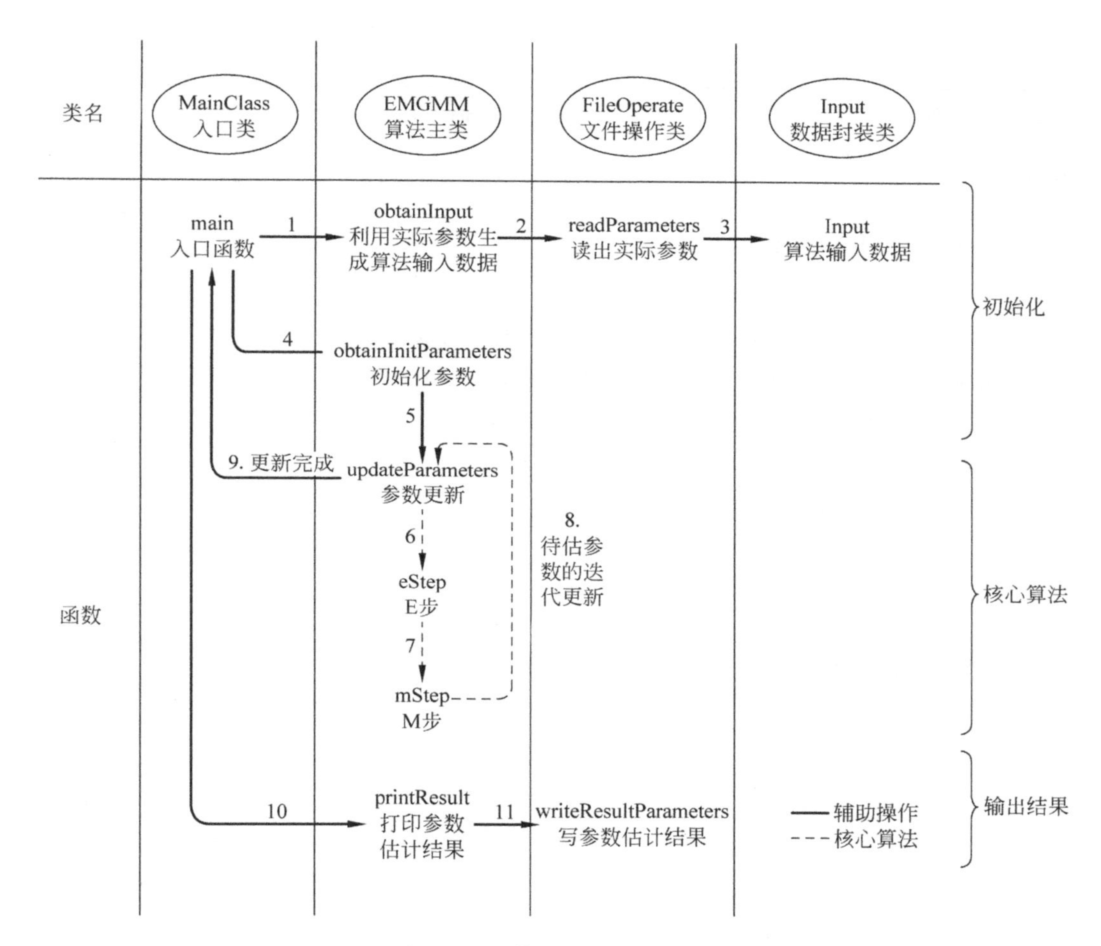

图 10-2 算法设计流程图

所示。

表 10-1 类名称及类描述

类 名 称	类 描 述

Input	（输入数据）
	成员变量：
	`public int classify; //高斯分布个数`
	`public List<Double> exampleList = new ArrayList<Double>(); //观测`
	`//数据列表`

续表

<table>
<tr><th>类 名 称</th><th>类 描 述</th></tr>
<tr><td>Input</td><td>函数：
主要包含以上变量的 set、get 函数</td></tr>
<tr><td>Parameters</td><td>（待估参数）
成员变量：
<pre>public double μ; //高斯分布参数：期望
public double Σ; //高斯分布参数：方差
public double ψ; //多项分布参数</pre>函数：
主要包含各参数的 set、get 参数</td></tr>
<tr><td>EMGMM</td><td>（EM-GMM 算法流程）
函数：
<pre>/**
 * 函数功能：根据 actualParameters.txt 中的参数生成观
 * 测数据,从而获取算法输入数据
 * @return Input 算法输入
 */
public Input obtainInput(){ … }

/**
 * 函数功能：从文件 initParameters.txt 获取初始化参数
 * @return List<Parameters> 初始化完毕的待估参数
 */
public List<Parameters> obtainInitParameters(){ … }

/**
 * 函数功能：待估参数的迭代更新
 * @param input 算法的输入
 * @param parametersList 待估参数
 * @return List<Parameters> 待估参数的估计结果</pre></td></tr>
</table>

续表

类 名 称	类 描 述
EMGMM	*/ public List < Parameters > updateParameters(Input input, List < Parameters > parametersList) { … } /** * E 步：获取每个样本自第 k 个高斯分布的后验概率 ω * @param exampleList 观测数据 * @param parametersList 待估参数列表 * @param k 观测数据所服从的所有高斯分布的个数 * @return Map < Integer, List < Double > 各样本来自各 * 高斯分布的后验概率更新后的列表 */ public Map < Integer, List < Double >> eStep(List < Double > exampleList, List < Parameters > parametersList, int k) { … } /** * M 步：更新各高斯分布参数,获取参数更新前后的变化量 * @param exampleList 观测数据列表 * @param mulDisMap 第 i 个样本来自第 j 个高斯分布的 * 后验概率列表 * @param parametersList 待估参数列表 * @param k 观测数据所服从的所有高斯分布的个数 * @return double 参数更新前后变化量 */ public double mStep(List < Double > exampleList, Map < Integer, List < Double >> mulDisMap, List < Parameters > parametersList, int k) { … }
MainClass	(EM-GMM 算法流程) 函数： /** EM - GMM 实现流程 */ public static void main(String[ ] args) { … }

10.2.2 核心代码

算法整体流程如 algorithm 包中 MainClass. main()方法所示。其中主要包含输入数据的获取、初始化参数的获取、参数的迭代更新以及参数估计结果的打印过程。首先，利用 algorithm 包中的 EMGMM. obtainInput()方法读取文件 actualParameters. txt 中的参数，生成 EM-GMM 算法所需要的输入数据，并存入 inputData. txt 以便进行观测。其次，通过对输入数据进行观察，在文件 initParameters. txt 中对待估参数进行初始化，并且通过调用 algorithm 包中的 EMGMM. obtainInitParameters()方法获取 initParameters. txt 文件中初始化完毕的参数。然后，调用 algorithm 包中的 EMGMM. updateParameters()方法对待估参数进行迭代更新，直到算法达到收敛条件，将参数估计结果写入文件 outParameters. txt 并返回。最后，调用 EMGMM. printParameters()方法打印参数估计结果。同时，对比 actualparameters. txt 与 outParameters. txt 两个文件中的参数，验证参数估计结果的正确性。值得注意的是，算法达到的收敛条件有多种计算方式。本次算法实现以更新前后参数变化量小于某个较小阈值来进行收敛与否的判别。具体实现流程如下。

```
1     public static void main(String[] args) {
2         EMGMM emgmm = new EMGMM();
3
4         //1. 生成观测数据,并获取算法的输入
5         Input input = emgmm.obtainInput();
6
7         //2. 获取初始化参数
8         List<Parameters> parametersList = emgmm.obtainInitParameters();
9
10        //3. 参数迭代更新
11        List<Parameters> result =
12        emgmm.updateParameters(input, parametersList);
13
14        //4.打印参数估计结果
15        emgmm.printResult(result);
16    }
```

该算法在输入数据的获取上具有一定的特殊性。通过给定参数 actualParameters.txt，利用高斯分布性质生成 EM-GMM 算法的输入数据，并且将生成的数据存入文件 inputData.txt 供算法使用。在算法实现过程中主要通过调用 algorithm 包中的 EMGMM.obtainInput()方法完成上述工作。具体输入数据生成及获取过程如下。

```
1    /**
2     * 函数功能：根据 actualParameters.txt 中的参数，生成观测数据，从而获取算法
     输入数据
3     * @return Input 算法输入
4     */
5    public Input obtainInput() {
6        Random random = new Random();
7        Input input = new Input();
8        //读取用于生成观测数据的参数列表
9        List<Parameters> parametersList = FileOperate.readParameters(
10               Configuration.ACTUAL_PARAMETERS_PATH, "\t");
11       //根据不同高斯分布(参数)生成观测数据
12       for (int j = 0; j < parametersList.size(); j++) {
13           double ψ = parametersList.get(j).getΨ();
14           for (int i = 0; i < Configuration.OBSERVED_DATA_NUMBER * ψ; i++) {
15               double example = Math.sqrt(parametersList.get(j).getΣ())
16                       * random.nextGaussian() + parametersList.get(j).getμ();
17               input.addExample(example);
18           }
19       }
20       input.setClassify(parametersList.size());
21       //为便于观察算法具体的输入数据，这里将观测数据以及分布数写入文件
         //observedData.txt
22       FileOperate.writeObservedData(Configuration.INPUT_DATA_PATH, input);
23       return input;
24   }
```

为便于对初始化参数进行调节，初始化过程在文件 initparameters.txt 中完成，并通过调用 EMGMM.obtainInitParameters()方法读取初始化完毕的待估参数。代

码如下。

```
1    /**
2     * 函数功能：从文件 initParameters.txt 获取初始化参数
3     * @return 初始化完毕的待估参数
4     */
5    public List<Parameters> obtainInitParameters(){
6        List<Parameters> parametersList = FileOperate.readParameters(
7                Configuration.INIT_PARAMETERS_PATH, "\t");
8        return parametersList;
9    }
```

初始化之后，进入算法的核心部分，即参数的迭代更新。主要通过调用 EMGMM.updateParameters()实现。

```
1    /**
2     * 函数功能：待估参数的迭代更新
3     * @param input 算法的输入
4     * @param parametersList 待估参数
5     * @return List<Parameters> 待估参数的估计结果
6     */
7    public List<Parameters> updateParameters(Input input,
8            List<Parameters> parametersList) {
9        List<Double> exampleList = input.getExamplelist();//算法输入中的观
         //测数据
10       int k = input.getClassify();//算法输入中的高斯分布个数
11       //迭代次数
12       int iter = 1;
13       //进入待估参数的迭代更新
14       while (iter <= Configuration.MAX_ITER) {
15           System.out.println("----------第" + iter + "次更新!");
16           //E 步:
17           Map<Integer, List<Double>> mulDisMap = this.eStep(exampleList,
18                   parametersList, k);
```

```
19            //M步:
20            double change = this.mStep(exampleList, mulDisMap, parametersList, k);
21            //判断是否满足收敛条件或者达到最大迭代次数
22            if (change < Configuration.CONVERGENCE_CONDITION)
23                break;
24            iter++;
25        }
26        return parametersList;
27    }
```

EMGMM. updateParameters()的实现主要通过调用 EMGMM. eStep()以及 EMGMM. mStep()两个方法实现参数的迭代更新,两个方法的具体实现如下。

```
1    /**
2     * E步:对每一个样本,获取其来自第k个高斯分布的后验概率ω
3     * @param exampleList 观测数据
4     * @param parametersList 待估参数列表
5     * @param k 观测数据所服从的所有高斯分布的个数
6    * @return Map<Integer, List<Double>> 各样本来自各个高斯分布的后验概率
     更新后的列表
7     */
8    public Map<Integer, List<Double>> eStep(List<Double> exampleList,
9            List<Parameters> parametersList, int k) {
10       Map<Integer, List<Double>> mulDisMap = new HashMap<Integer, List
         <Double>>();
11       //对每个高斯分布
12       for (int j = 0; j < k; j++) {
13           List<Double> mulDisList = new ArrayList<Double>();
14           //对每个样本数据
15           for (int i = 0; i < exampleList.size(); i++) {
16               double temp1 = parametersList.get(j).getΨ()
17                       * Math.exp( - Math.pow(exampleList.get(i)
18                               - parametersList.get(j).getμ(), 2)
19                               / (2 * parametersList.get(j).getΣ()))
```

```
20                          / Math.sqrt(Math.abs(2 * Math.PI
21                                  * parametersList.get(j).getΣ()));
22              double temp2 = 0;
23              //对每个高斯分布(样本数据分别来自每个分布的情况)
24              for (int l = 0; l < k; l++) {
25                  temp2 = temp2
26                          + parametersList.get(l).getΨ()
27                          * Math.exp( - Math.pow(exampleList.get(i)
28                                  - parametersList.get(l).getμ(), 2)
29                                  / (2 * parametersList.get(l).getΣ()))
30                          / Math.sqrt(Math.abs(2 * Math.PI
31                                  * parametersList.get(l).getΣ()));
32              }
33              //获取当前样本来自第 j 个高斯分布的后验概率 ω
34              double ω = temp1 / temp2;
35              mulDisList.add(ω);
36          }
37          //每个样本来自各高斯分布的后验概率 ω 列表
38          mulDisMap.put(j, mulDisList);
39      }
40      return mulDisMap;
41  }
```

```
1   /**
2    * M步: 更新各高斯分布参数,同时获取参数更新前后的变化量
3    * @param exampleList 观测数据列表
4    * @param mulDisMap 样本 i 来自第 j 个高斯分布的后验概率列表
5    * @param parametersList 待估参数列表
6    * @param k 观测数据所服从的所有高斯分布的个数
7    * @return double 参数更新前后变化量
8    */
9   public double mStep(List<Double> exampleList,
10          Map<Integer, List<Double>> mulDisMap,
11          List<Parameters> parametersList, int k) {
12      double change = 0;
```

```
13          //每个分布
14          for (int j = 0; j < k; j++) {
15              double sumψ = 0;
16              double sumμ = 0;
17              double sumΣ = 0;
18              //每个样本数据
19              for (int i = 0; i < exampleList.size(); i++) {
20                  sumψ = sumψ + mulDisMap.get(j).get(i);
21                  sumμ = sumμ + mulDisMap.get(j).get(i) * exampleList.get(i);
22              }
23              //更新样本 i 来自第 j 个高斯分布的概率
24              double newψ = sumψ / exampleList.size();
25              //更新第 j 个高斯分布的期望
26              double newμ = sumμ / sumψ;
27              //第 j 个高斯分布的方差更新过程
28              for (int i = 0; i < exampleList.size(); i++) {
29                  sumΣ = sumΣ + mulDisMap.get(j).get(i)
30                          * Math.pow(Math.abs(exampleList.get(i) - newμ), 2);
31              }
32              //更新第 j 个高斯分布的方差
33              double newΣ = sumΣ / sumψ;
34              System.out.println(j + ":    newψ:" + newψ + "    newμ:" + newμ
35                      + "    newΣ:" + newΣ);
36              //计算更新前后参数变化量
37              change += Math.abs(parametersList.get(j).getΨ() - newψ)
38                      + Math.abs(parametersList.get(j).getμ() - newμ)
39                      + Math.abs(parametersList.get(j)getΣ() - newΣ);
40              //更新参数列表
41              parametersList.get(j).setμΣψ(newμ, newΣ, newψ);
42          }
43          return change;
44      }
```

最后，打印并存储算法运行结果，便于真实参数、初始化参数以及参数估计结果进行对比。

```
1    /**
2     * 函数功能：打印参数估计结果
3     * @param result 算法运行结果
4     */
5    public void printResult(List<Parameters> result) {
6
7           FileOperate.writeResultParameters(Configuration.RESULT_PARAMETER_
            PATH, result);
8         System.out.println("参数估计结果：");
9         for (int i = 0; i < result.size(); i++) {
10             Parameters parameters = result.get(i);
11             System.out.println(parameters.getΨ() + "   " + parameters.getμ()
12                       + "   " + parameters.Σ);
13         }
14   }
```

10.3 实验数据

对于本次算法实现中所涉及的数据，这里做简要说明。首先，在文件 actualParameters.txt 中存储的是用于生成算法输入数据的高斯分布以及多项分布参数。根据以上参数生成的算法输入数据存储在文件 inputData.txt 中。对算法进行的参数初始化在文件 initParameters.txt 中完成。最后，算法对参数的估计结果存储在文件 outParameters.txt 中。因此，为对算法运行效果进行展示，我们将文件 actualParameters.txt、initParameters.txt 与 outParameters.txt 中的数据进行对比分析。

actualParameters.txt 数据如表 10-2 和表 10-3 所示。

表 10-2 actualParameters(1).txt

隐含变量	μ	σ^2	ϕ
1	20	10	0.1
2	40	10	0.2

续表

隐含变量	μ	σ^2	ϕ
3	60	10	0.3
4	80	10	0.4

注：利用上述数据生成观测数据 1000 条。

表 10-3 actualParameters(2).txt

隐含变量	μ	σ^2	ϕ
1	50	10	0.3
2	60	10	0.3
3	70	10	0.25
4	80	10	0.15

注：利用上述数据再生成观测数据 10 000 条。

 10.4 实验结果

10.4.1 结果展示

根据表 10-2 生成的 1000 条观测数据进行实验，参数初始值如表 10-4 所示，经过 47 次迭代更新，结果如表 10-5 所示。对比表 10-2 和表 10-5，发现实验结果基本正确。

表 10-4 initParameters.txt

隐含变量	μ	σ^2	ϕ
1	30	20	0.5
2	50	20	0.2
3	70	20	0.1
4	90	20	0.2

表 10-5 outParameters. txt

隐含变量	μ	σ^2	ϕ
1	20.20	10.30	0.10
2	40.19	9.95	0.20
3	60.02	10.36	0.30
4	80.16	11.33	0.39

根据表 10-3 生成的 10 000 条观测数据进行实验，参数初始值如表 10-6 所示，经过 210 次迭代更新，结果如表 10-7 所示。同样，对比表 10-3 和表 10-7，实验结果基本正确。

表 10-6 initParameters. txt

隐含变量	μ	σ^2	ϕ
1	45	13	0.25
2	55	8	0.15
3	65	6	0.4
4	90	15	0.2

表 10-7 outParameters. txt

隐含变量	μ	σ^2	ϕ
1	49.9	10.46	0.30
2	60.17	10.06	0.31
3	70.14	9.16	0.24
4	80.02	9.53	0.15

10.4.2 结果分析

作为常见的隐变量模型参数估计算法，EM 算法除了应用于对高斯混合模型(GMM)进行参数估计，还可用于 K-Means 聚类以及隐马尔科夫模型的非监督学习。本次实验主要针对 GMM 进行参数估计，通过生成不同观测数据反复测试发现，观测数据各分布的方差相同情况下，期望相差越小越难达到理想效果；期望相差越大，实验效果越好。在期望不变的情况下，方差越大实验效果越差；方差越小实验效果越好。也就是说，观测数据分布越集中，算法表现越差；观测数据分布越分散，算法效果越好。

值得注意的是，EM 算法对初值敏感，因此在算法赋予初值时需要对观测数据有一定的直观了解，多次赋值取得最佳估计结果。另外，对 EM 算法的收敛性，EM 算法并不能保证取得全局最优。

参考文献

[1] Andrew Ng. 斯坦福大学公开课:机器学习课程——网易公开课[OL]. http://open.163. com/special/opencourse/machinelearning. html.

[2] Peter Harrington. 机器学习实战[M]. 李锐,等译. 北京:人民邮电出版社,2013.

[3] 周志华. 机器学习[M]. 北京:清华大学出版社,2016.

[4] 李航. 统计学习方法[M]. 北京:清华大学出版社,2012.

[5] 范淼,李超. Python机器学习及实践[M]. 北京:清华大学出版社,2016.

[6] Peter Flach. 机器学习[M]. 段菲,译. 北京:人民邮电出版社,2016.

[7] 孙亮,黄倩. 实用机器学习[M]. 北京:人民邮电出版社,2017.

[8] Henrik Brink,Joseph W Richards,Mark Fetherolf. 实用机器学习[M]. 程继洪,等译. 北京:机械工业出版社,2017.

[9] Mathias Brandewinder. 机器学习项目开发实战[M]. 姚军,译. 北京:人民邮电出版社,2016.

[10] 刘凡平. 大数据时代的算法:机器学习、人工智能及其典型实例[M]. 北京:电子工业出版社,2017.

图书资源支持

感谢您一直以来对清华版图书的支持和爱护。为了配合本书的使用，本书提供配套的资源，有需求的读者请扫描下方的“书圈”微信公众号二维码，在图书专区下载，也可以拨打电话或发送电子邮件咨询。

如果您在使用本书的过程中遇到了什么问题，或者有相关图书出版计划，也请您发邮件告诉我们，以便我们更好地为您服务。

我们的联系方式：

地　　址：北京海淀区双清路学研大厦 A 座 707

邮　　编：100084

电　　话：010－62770175－4604

资源下载：http://www.tup.com.cn

电子邮件：weijj@tup.tsinghua.edu.cn

QQ：883604（请写明您的单位和姓名）

资源下载、样书申请

书圈

用微信扫一扫右边的二维码，即可关注清华大学出版社公众号“书圈”。